サンコウチョウ♂

鳥あそび

野鳥おもしろ手帖

小宮輝之 著

二見書房

メジロは甘いものが大好き。桜の木に熟した柿を付けておいたところ、まっ先にやってきた

まえがき

子どもの頃は都心の日本橋馬喰町《ばくろちょう》に住んでいたから、まわりには自然らしいものは少なかった。当時、祖父母の住む文京区小日向は緑豊かで、よく遊びに行ったものである。その小日向で捕まえて、馬喰町に土とともに持ち帰ったのはミミズである。魚釣りの餌ではなく、たんに飼いたかったからで、これが初の我が飼育動物として記憶に残っている。

小学校三年の夏に小日向に引っ越してからは、昆虫採集と虫の飼育に夢中になった。中学生になって凝ったのは淡水魚の飼育で、自転車で市ヶ谷の外堀へ行き、四つ手網を投げて釣り人の顰蹙《ひんしゅく》を買ったものである。モツゴ、ヨシノボリ、テナガエビなどを採ってきては、水槽で飼った。高校生になると水槽の数も増え、ヒキガエルやイモリ、カナヘビ、イシガメなどにも手を出した。

大学では野鳥研究会に入会し、野生の鳥を観察するバードウォッチングに明け暮れた。この趣味は、卒業後も継続していたし、仕事でも鳥の飼育に携わることになる。就職したての新人飼育係の仕事は、クマやシカなど哺乳類の担当であった。

振り返ると私と動物との関わりは、ミミズからクマまで動物の進化を辿《たど》ってきたようなものだ。この進化の過程で最も長きにわたり継続しているのが鳥との付き合いである。小学生の時に飼った十姉妹から、はや半世紀を超えている。私が鳥をあそびの対象にしたというより、鳥にあそんでもらったという方が当たっているかもしれない。

大学の野鳥研究会以来、40年以上にわたり野鳥の写真も撮りためてきた。図鑑などにはよく使用してきたが、今回のような形でまとめて本になるのは初めてである。あらためて写真をファイルから取り出して眺めていると、撮影当時の情景が昨日のように懐かしく思い出される。

単独行動のシメは、我が家の餌台にも１羽でやってきて、カワラヒワやスズメの群れの真ん中に陣取る

もくじ

雪の日もお気に入りの枝にとまって
頑張る我が家の庭の主ヒヨドリ

1章 我が家の庭から

キジバト

我が家の庭

庭先で鳥あそび

今春も我が家の庭の山桜は満開。メジロがさえずり、ヒヨドリがにぎやかに騒いでいる。私にとって一番のフィールドが、この猫の額ほどの我が家の庭である。

実家は文京区小日向だったが、昭和47年に多摩動物公園に就職し、多摩丘陵に近い八王子北野の地に住むことになった。職場へは電車なら5駅で20分、車なら15分ほどの便利な棲家である。駅前集合住宅で、4棟はエレベーターの付いている高層棟、1棟のみが4階建ての低層棟で1階には庭が付いていた。その庭付きに魅かれて低層棟の1階を選んだ。

昭和49年、この地に引っ越したときの庭は一面芝生であり、朝起きて庭を見ると大きなアオダイショウが這《は》っていたこともある。床下にはヒキガエルが潜んでいて、夜にな

ると出てきて「クックックッ」と姿に似合わない、かわいい声で鳴いていた。

もともと田んぼだった地に建った集合住宅で、まわりには田んぼ、畑、桑畑、栗林や竹林なども残っていた。家の前には湯殿川が流れているのだから、ヘビやカエルがいても不思議ではない。

庭にいろいろな樹木を植えたが、そのなかに実生で発芽したばかりの割り箸《ばし》ほどの山桜があった。2本とも枯れることなく、今や直径25センチ、幹回り80センチ、3階にも届く立派な大木になり、毎年自宅に居ながらにして、お花見を楽しませてくれる。

狭い庭ではあるが四季を通じて、いろいろな鳥がやってくる。

冬にはピラカンサの赤い実がなり、熟す頃になるとジョウビタキが赤い実を空中ホバリングでキャッチする。

メジロもピラカンサに目がない。が、実が赤くなると、

つがいのヒヨドリが山桜の梢《こずえ》からピラカンサを見張るようになる。メジロやジョウビタキが実をついばもうとすると、ヒヨドリがさっと飛んできて追い払う。本当に熟すまで待ちながら、他の鳥を追い払い、御馳走を独占しようとする。

ヒヨドリは嘴《くちばし》の先端に赤い実をついばんでから、一度空中に投げて口の中に御馳走を放り込むのだ。

ピラカンサの実が赤く熟すのは、他の木の実や果物がなくなる冬季である。だから、いろんな鳥が冬の貴重な御馳走にありつこうと集まってくる。

ヒヨドリには熟すのがわかるらしく、ヒヨドリ夫妻がついばみだすと二、三日で赤い実はすべてなくなってしまう。ヒヨドリの頭の良さと、執念深さには、毎年感心させられている。

一粒放り投げてはキャッチ！

リンゴやミカンもヒヨドリは独占しようとする。メジロが安心して食べられるように、ヒヨドリの入れないピラカンサの枝の奥の隙間にリンゴをつけておいた。ピラカンサは棘《とげ》があるので、小さな空間にはメジロは潜り込めるが、ヒヨドリは入れない。

ピラカンサは、和名ではトキワサンザシやタチバナモドキと呼ばれる鑑賞用の木である。初夏の白い花はアブやハナムグリなどの昆虫が集まるので、虫も楽しめる。秋から冬にかけて熟す赤い実が魅力で鑑賞木となった。原産地は南ヨーロッパといわれるが、赤い実にいろんな鳥が集まって食べるため、野鳥を呼ぼうと各地の公園などに盛んに植えられた。

京王線の聖蹟《せいせき》桜ヶ丘駅に近い丘陵地に、かつて「鳥獣実験場」と呼ばれていた研究施設がある。ここではキジやヤマドリ、コジュケイなどを殖《ふ》やす研究をしていたが、野鳥を呼ぶ樹木も調査していた。12月頃から、実験場時代に植

メジロ

オナガ

えられたピラカンサがいっせいに赤く熟す。みごとなものだが、日本の雑木林より、やはり南欧の明るい太陽の下に似合う赤さである。
ニューヨークのブロンクス動物園の園内でもピラカンサをついばむコマツグミを見たが、洋の東西を問わず、この赤い実は野鳥たちのご馳走となる。旧鳥獣実験場のピラカンサが赤くなる頃、オナガやツグミのなかまが代わる代わる訪れる。

ツグミ

ヒヨドリは庭の主であるかのように、何回か繁殖もしている。モミジや垣根のサザンカの枝にからんだ透明なビニール紐《ひも》が、巣作り開始のサインだ。部屋から双眼鏡で見ていると、ビニール紐をくわえたヒヨドリが戻ってくる。ごみのように見えるが、近づいて見ると、ちゃんと巣の形になりかけている。

ビニール製の巣が完成し、産卵がはじまる。白地にあずき色の斑点のある卵を毎日1個ずつ産む。3個目を産んだころから巣に就き、メスが抱卵をはじめた。

2週間ほどで雛《ひな》が孵《かえ》り、ヒヨドリの虫運びが10日間ほど続く。イモムシ、すなわちガやチョウの幼虫が多く、ミミズやガガンボなどもオス、メス交代で次々と運ぶ。部屋のガラス扉越しにプロミナという筒状の野鳥観察用望遠鏡を三脚にセットし、いつでも様子がわかるようにしておき、ヒヨドリの子育ての一部始終を観察させてもらった。

ヒヨドリのビニール紐による巣作り(右)と雛への虫運び

6月初旬、山桜に小さなサクランボが成ると、ふだんは我が家には現れないムクドリが小さな群れでやってくる。

ヒヨドリも赤く輝くサクランボの実を食べる。ときどきサクランボを食べたムクドリなどが大量死して、新聞紙上を賑わすことがある。時期の問題なのか、あるいは場所や土壌の問題なのかは判らないが、サクランボの種に青酸が含まれていることがあるのだ。我が家の山桜のサクランボはその点安全なようで、ムクドリやヒヨドリが死ぬようなことはない。

ひまわりの種は穴を開けたペットボトルにつめて、木の枝に吊るしてある。この廃物利用の給餌器は、穴が大きすぎると、ひまわりの種はこぼれ落ちてしまうので、穴の開け方が難しい。

最初は小さなひまわりがやっと引き出せる大きさにしてみた。シジュウカラは気がつかないのか、あるいは引き出せないのか、設置一日目は利用されなかった。

ひまわりの種を足でおさえて割るシジュウカラ

翌日、種が少し外側に顔を出す程度に穴を広げてみた。さっそく、見つけたシジュウカラが、揺れるペットボトルに止まって種を引っ張り出した。

シジュウカラはひまわりの種を穴から引っ張り出すと、嘴《くちばし》にくわえ、決まった枝まで飛んでいく。枝に足指でしっかりと種を押さえつけて、嘴でつついてあっという間に殻《から》をこじ開ける。

家の中にいてもコツコツという音が伝わってきて、シジュウカラの来訪に気がつく。一粒を食べ終わるとまたペットボトルにもどって、ひまわりの種を引っ張り出す。お気に入りの止まり木の下にはいつしか殻の山ができている。

他のカラ類もこないかと期待しているのだが、くるのはシジュウカラだけだ。寒波がくると山の鳥たちも里に降りる。しかし、ヤマガラやヒガラが我が家に現れないのは、ひょっとしたら地球温暖化のせいかもしれない。

餌台《えさだい》に小鳥の餌として売っているヒエやアワを置くと、すぐにスズメがやってくる。スズメだからといって追っ払ったりしてはいけない。なぜなら餌台に群れるスズメを見て、他の鳥たちも餌のあること、安全であることを察知して寄ってくるからだ。

次にくるのは、たいていカワラヒワである。カワラヒワの好物はもっと大きな麻の実とひまわりだ。カワラヒワの群れに、たまにひと回り大きなシメが混じり、ひまわりを食べる。カワラヒワやシメは、シジュウカラのように足指で押さえて中身をとり出すのではなく、嘴《くちばし》の中で種をモゾモゾと転がしながら殻をむく。嘴からはみ出すひまわりの種の殻を器用にむく様子がよくわかる。

野鳥を捕獲して足環を付けて放し、再捕獲して渡りのルートや移動範囲を調べるのをバンディング調査という。捕まえた鳥を手にとって計測したり足環を着けたりするのだが、作業中にシメやカワラヒワに咬みつかれると、けっこう痛い。さらに頑丈な黄色い嘴のイカルに咬まれたときには、それこそペンチでつまれたような痛さで、指先に嘴の痣《あざ》が残ったものだ。

カワラヒワがひまわりの種を

シメ

イカル

アオジ

カキをついばむウグイス♂

コゲラ

シジュウカラ

餌を工夫すると、常連以外の鳥も飛来する。リンゴ、ミカン、カキなどの果物と蒸《ふ》かしたサツマイモにはメジロ、ヒヨドリの常連以外にウグイスもくる。また、ヒエやアワを高さのある餌台ではなく、地面にまいておいたら、アオジもくるようになった。

すき焼きのとき最初に鍋に敷く牛の白い脂は、メジロやシジュウカラの大好物である。それを網の袋に入れて吊るしておくと、すぐに姿を見せて網にぶら下がってつつきはじめる。

我が家の庭は、今や芝生の面影などまったく残っておらず、ちょっとした小さな森になった。

おかげで小さなキツツキ、森の住人コゲラも現れる。あの「ギィー、キッキッキキキ」という鳴き声に気がつくと、山桜の幹に垂直に止まり、虫を探してらせん状に見え隠れしながら幹を上っていくコゲラの姿があった。

さらに初夏のころ、庭の前のケヤキにアオゲラが止まったことがある。ほんの数分のことであったが、感激である。近くの長沼公園あたりの森からの飛来であろう。

雪が降ると、小さいながら森のようになった我が家の庭は、野鳥たちのオアシスになっていることがわかる。いつもより多くの鳥が集まり、茂みでじっと寒さに耐え、ねぐらにしているものもいた。

4階建ての集合住宅は南向きの壁になり、サザンカ、ツバキなどの常緑樹に囲まれた小空間は、周辺の吹きさらしの落葉樹に比べ、すごしやすいのだろう。

餌台にひまわりの種やパンくずを置き、枝にミカンを刺し、牛脂やピーナッツを多めにぶら下げる。野鳥たちのレストランは、とりわけ雪の日は繁盛している。

我が家の庭はあまり手入れをしていない。冬季は台所から出る野菜くずや茶殻を地中に戻し、自然に積もる落ち葉はそのまま残しておくから、ミミズや地の虫も多い。

10年ほど前から、聞きなれない、「ホイポー、ホイポー、ホイー、ホイー、ピーポー」などと複雑で騒がしい鳥のさえずりを聞くようになった。ガビチョウである。多摩の里山にも外来種が到来しはじめてはいたのだが、我が家にも現れた。まだ定着はしていないが、我が家のブッシュが気になるらしく、ときどき立ち寄るようだ。

ガビチョウはもともと、中国の鳥である。西安市内の公園で、朝早くガビチョウを1羽ずつ鳥籠に入れて、鳴き声を競わせて楽しんでいる光景に出くわした。中国の人々にとってはガビチョウの声はメジロとともに好きな鳴き声らしい。

鳥籠で鳴きくらべをするガビチョウ（西安の公園にて）

さえずるガビチョウ

中国で人気があるからと、日本にも輸入された時代がある。日本で昔から鳴き声を楽しむ「三鳴鳥」といわれたのは、ウグイス、オオルリ、コマドリである。メジロも日本では人気がある。しかし、ガビチョウのにぎやかな大きな鳴き声は、日本人向きではなかった。

売れないために、逃がしてしまったり、歌声も大きく、聞きようによってはやかましいので、飼っていた人が逃がしたりして、日本各地の里山に定着していった。最近では、軽井沢の探鳥会でも、ガビチョウの声を聞いて、興ざめしたものである。

最近になって、もう一種の外来種が現れた。朝、まだ薄暗い4時過ぎ、聞きなれないにぎやかな「キョローン、キョローン」といったさえずりが聞こえてくる。双眼鏡で探すと、花の散った山桜の若葉の間にちらちらと動く赤い嘴が見えた。高尾山あたりではすでによく見かけるようになったソウシチョウである。

我が家が気に入ったらしく、明るくなってから2羽が地面に降り、「ジェッ、ジェッ、フィーフィー」と鳴きながら、落ち葉をかき分けて餌を探していた。

ソウシチョウも中国の鳥で、中国では人気の鳴鳥である。姿もかわいらしく「ペキンロビン」という英名がついている。しかしガビチョウと同様に、そのにぎやかな鳴き声は日本人好みではなかったようだ。

ガビチョウがつがいか小群で暮らしているのに対し、ソウシチョウは季節により大群で移動しながら、日本各地に居つき、しばしば観察されるようになってきた。

一度、我が家の庭にツミが降りていたことがある。ツミとは日本で一番小さなタカである。庭に出たところ、こちらの気配に飛び去り、隣の庭のクルミの木に止まって、こちらの様子を見ていた。庭には羽をむしられた食べかけのキジバトが横たわっていた。

ツミに襲われたスズメの羽

ツミ

Y.Komiya

最近、東京の郊外の住宅地でも、公園の小さな木立や街路樹でツミが繁殖している。スズメやムクドリなどを食べているようだが、我が家では自分よりも大きいキジバトを仕留めた。

小さいながらも猛禽が飛来して狩りをするとは、我が家もすばらしいフィールドになったものだ。今でもスズメの羽が、散らかっていたり、ドバトの翼がむしられて横たわっていたりするので、ときどきツミがやってきて、狩りをしているに違いない。もし山桜に営巣してくれれば、大事に見守るのだが。

我が家の集合住宅に取り囲まれるように公園があり、2本のソメイヨシノが春には薄ピンクに咲きほこる。サクラ以外にケヤキが11本植えてあり、大木になっている。

いつの頃からか、公園のケヤキとサクラが雀のお宿になった。繁殖が終わり、ケヤキの葉の伸びる頃になるとスズ

メが集まりだす。

夕方になると四方八方から小群で飛来し、電線に止まり、チュンチュンとさわがしい。うす暗くなると、機を見計らったように次々とケヤキの茂みにもぐり込み、しばらくすると鳴き声は止んで静かになる。

夜明けとともに、茂みから梢《こずえ》に出てきて、一度電線に止まって、小群になってからいろいろな方向に飛んでいく。引っ越してきたての頃はまだ農家の竹藪があり、スズメもねぐらに困っていなかった。竹藪が住宅になり、ねぐらを公園のケヤキに求めたようだ。

冬、ケヤキもサクラも葉を落とす。ねぐらを失ったスズメが寝ているのは、電信柱の上に設置してあるトランスの隙間《すき》である。トランスの寝床は、さぞや温かく心地よい〈雀のお宿〉に違いない。

庭には水鉢を埋めて、川で拾ってきた石やユキノシタなどの植物を配置して水場を作ってある。水浴びにくるのはシジュウカラ、メジロ、ヒヨドリ、ツグミなどである。

キジバトも水を飲みにくるが、あまり水浴びはしない。鳥は水を飲むとき、一度口の中に水を含んでから、頭を上に向けて飲み込むのがふつうである。ところが、キジバトに限らずハトのなかまは、直接ゴクンゴクンと水を飲むことができるのだ。水浴び嫌いのキジバトは日光浴が好きである。日の当たる地面にぺたりとお腹をつけて、羽を伸ばして陽光を楽しんでいる。日光浴が終わると、ペアで睦《むつ》まじくの羽づくろいしているシーンをよく見かけたものだ。

キジバトの日光浴

余談だが、3月上旬、毎年決まって、水場に産卵する動物がいる。その正体はトウキョウサンショウウオだ。例年、3〜4対の卵塊を産みつけている。

このトウキョウサンショウウオが我が家にやってきたのは平成5年だから、もう17年も命がつながっている。

毎年、たくさんの幼生が生まれ、イトミミズやミジンコで育てているが、餌やりを怠ると共食いをしてしまう。ヤゴに食べられるものもいて、だんだんその数は減っていく。夏が終わる頃までには、生き残って成体になれたものだけが上陸する。

なかには上陸できずに幼生のまま越冬するものもいる。こういう幼生は翌春には水槽などに移さなければならない。前年に孵化《ふか》した大きな越冬幼生を残しておくと、新しく生まれた小さな幼生を食べてしまうからだ。

狭いながらも愉《たの》しい我が家の庭には、ほかにも住人がいる。水槽や瓶《かめ》などを庭のあちこちに配して水を張り、

トウキョウサンショウウオの卵塊（右）と成体（下）

Y.Komiya

ヒメスイレンなどの水草を植えて、メダカも飼っている。

さらに周辺の田んぼや秋川《あきかわ》などで、しばしばオタマジャクシを採っては持ち帰ったものだ。田んぼのオタマジャクシはやがてアマガエルになり、雨が近づくと、大きな声で「グェッグェッグェッ」とカエルの大合唱が響きわたる。

当時、近所の人からは「あのカエルのいる家ね！」と我が家は呼ばれていた。秋川のオタマジャクシはアカガエルと、なぜか関西にしかいないはずのヌマガエルになった。夜になるとアカガエルは「クックックッ」、ヌマガエルは「キャウキャウ」とけっこう喧《やかま》しい。

トウキョウダルマガエルもすみついていて、「グゲゲゲケッグゲゲゲ」と鳴く。夏の夜にはこんなカエルたちの声で田舎気分に浸っている。

また庭に囲いを作り、瓶《かめ》に水を張ってクサガメ、イシガメ、スッポンも飼っていた。カメたちは穴を掘り産卵し、初夏のころ子ガメが出てくる。外来種として各地の池に進出してい

トウキョウダルマガエル

アカミミガメの子

るアカミミガメも子ガメをもらって飼っていた。アカミミガメとはペット屋さんで売られているミドリガメである。

ミドリガメを小さな水槽に入れ日光浴をさせていたときのこと、歓迎されない鳥が飛来した。一瞬の出来事だった。大きな鳥影と羽音にハッとしたとき、嘴《くちばし》にミドリガメをくわえたハシブトガラスが飛び去った。

外来種であるミドリガメの将来について飼い続けるか処分すべきか迷っていたときであった。皮肉にも嫌われ者ながら在来種であるハシブトガラスが、我が家の外来種問題に切りをつけてくれた。

水色の灰色っぽい羽をもつオナガもカラスのなかまである。「ギューイ、ゲェー」という騒がしい大声を聞くとカラス科の鳥ということに納得がいくかもしれない。

あるときのこと、近くの神社、北野天神でオナガの雛《ひな》を息子が拾ってきた。我が家にはときどき、ツバメやスズメの雛など、落ちていた鳥が届けられることがある。そんな

ときはキュウカンチョウの餌マイナーフードやドッグフードを与えて育てるのだが、放す際によほどうまく放してやらないとカラスの餌食《えじき》になってしまう。

　オナガの雛は拾った場所にちなんで「テンジン」と名づけ、ダンボール箱に千切った新聞紙をたくさん敷いて凹みを作り、仮の巣とした。餌を与え、やがて飛べるまでに育った。自分で餌を食べるようになってからは、カラスと同じ雑食なので、ミカンやリンゴ、肉や魚も食べさせた。

　室内で飛ぶ訓練をしてから、窓を開けて外に向かって飛ばしてみたけれど、すぐに戻ってくる。困ったなと思いながら、数日後、外に向けて飛ばしたあと、窓を閉めてみた。その夕方、階上の家の人から問い合わせがあった。

「うちに変わった鳥が飛び込んできたんですが、お宅の鳥ではないですか？　心当たりはありませんか？」

　その後、テンジンは近くの里山の林が残る公園で遊びながら飛ばしているうちに、やっと野生の鳥になった。

我が家には直接飛んではこないが、周辺には毎年あちらこちらにツバメが巣をかける。田んぼがまだあった頃は、稲穂すれすれに飛びながら虫をとるツバメの姿をよく見かけたものだ。

引っ越してきた翌年の昭和50年から、我が家の集合住宅1階の駐車場の天井に、イワツバメが営巣するようになった。近くの湯殿川から集団でせっせと泥を運んでは巣を作り、雛を育てていた。以前から高尾駅では駅舎や高架下でイワツバメが集団営巣していたから、京王線の高架沿いに山を下ってきたのだろう。

イワツバメの営巣は7年間続いていたが、昭和57年になって、壁に泥が付着しない薬を塗ったために、姿を消した。駐車している車の持ち主から、フン公害の苦情が寄せられたからである。

イワツバメの泥運び

我が家で、ヒメアマツバメの雛を育てたことがある。

ヒメアマツバメは昔の日本の鳥類図鑑には載っていない。昭和35年頃から観察されるようになり、昭和42年に日本で初めての繁殖が確認された新しい鳥である。静岡市のバスの車庫で繁殖しているという噂を耳にし、見に行ったのが私の初観察記録である。

だんだん分布を広げ、最近では多摩周辺の鉄道高架下などでも繁殖するようになった。さらに、東京23区内でも繁殖が確認されている。

アマツバメのなかまで最も有名なのは、東南アジアのショクヨウアマツバメである。その巣は「燕の巣」として中華料理の高級食材として知られる。食用になるアマツバメの巣は、海藻を唾液で固めて作った半透明の美しい巣だ。

ヒメアマツバメはイワツバメの泥の巣を乗っ取って、鳥の羽根などで巣を作る。が、いかにも雑な作りであり、決して食欲をそそることのない見た目にも汚い巣である。

ヒメアマツバメとイワツバメの巣の上に作られた巣

ヒメアマツバメ

ある日、この汚い巣をカラスが襲った。1羽の雛が巣の縁につかまり、巣内に戻ろうとしていた。アマツバメのなかまは、足指を4本とも熊手のように前に向けることができる。この熊手の指でぶら下がっていたのだが、見上げていると、ふいに落ちてきた。ちょうど真下にいたので、帽子ですばやくキャッチした。

その雛は、佐渡のトキを救う研究で作った人工飼料で育った。トキペレットと呼んでいるが、ドッグフードやキャットフードのトキ版といっていい。これを水でふやかしてピンセットでつまみ、嘴の先端をツンツンと刺激すると大きな口をあける。そこにトキペレットを突っ込む。

いつしか「ツンちゃん」と呼ぶようになっていた。動物性蛋白濃度の高いトキペレットはぴったりの餌で、ツンちゃんはどんどん成長していった。

しかし、ヒメアマツバメは飛びながらカやハエなどの飛ぶ昆虫を採る動物食の鳥。ぼちぼち親離れする時期である。

ツンちゃんをときどき湯殿川の土手に連れていき、垂直な石垣に4本指で止まらせて、成長写真を撮っていた。

鳥類のなかで、アマツバメのなかまだけが足指を4本とも前側に伸ばすことができるのだ。

ある日、ツンちゃんは翼を広げるなり、石垣から4本指を離した。川へ落ちるかと、はらはらしながら追いかけた。しかし、水面すれすれで体勢を立て直すと、一気に高度を上げ、大空のかなたに吸い込まれるように消えていった。

幼いツンちゃんが4本の指を開いて壁にしがみついている。下はツンちゃんの足拓（実物大）

成長したツンちゃん、巣立ちのとき

鳥名人1 バンディングの先生

上野動物園や多摩動物公園には「バンダー」の資格をもった職員がいる。バンダーとは鳥を捕獲し、足に金属の標識「足環」というバンドを付けてバンディング調査をする資格をもつ人だ。

高野肇さんは森林総合研究所という国の研究機関の研究者だったから、いつでも研究用に野鳥を捕獲することができた。動物園のバンダーのなかには、高野さんの研究を手伝ったり同行したりして、その腕を磨いた人もいる。

高野さんが定年まで務めていたのは、かつて鳥獣実験場と呼ばれていた森林総合研究所の研究施設である。ここをフィールドにして、鳥類をはじめ多摩丘陵の自然を研究していた。また、富士山麓の自衛隊東富士演習場内の標高1400mの森にフィールドがあり、森を管理する仁杉小屋を基地にしたバンディング調査に私もよく同行させてもらったものである。

鳥獣実験場でも仁杉小屋でも、かすみ網を何枚も張って鳥を捕獲し、性別、年齢を調べ、体重を量り、体の各部を計測して放してやる。ときには何年か前に足環を付けた鳥が捕まることもあり、寿命の推測に役立ったものだ。仁杉小屋で足環を付けた鳥が、富士山五合目で再捕獲されたこともあり、垂直移動の貴重なデータにもなった。

夜になると、実験場でも小屋でも酒盛りが始まり、高野さんが得意の喉を披露してくれる。多いときは20名近くがそのまま雑魚寝し、入りきれない者はテントや車で寝袋にくるまった。

高野名人は定年後、故郷の長野県に帰り、鬼無里《きなさ》の山奥で、古い農家を借りて静かに暮らすつもりだった。ところが、日本中どこの山村でも若い人は都会に出て、お年寄りばかりになっている。隠居生活を送るつもりだった高野さんだが、そこでは若手として迎えられ、村のいろんな行事に狩りだされて奮闘中らしい。

コジュケイと黄門様

　明治から昭和初期まで、狩猟鳥の種類を増やそうと、いろいろな外国産の鳥、とくにキジ科の鳥が日本の野山に放たれた。大型のキジ類では朝鮮半島からもたらされたコウライキジが、ニホンキジのいない北海道で定着している。

　小型のキジのなかまではヨーロッパやアジアのイワシャコ、北アメリカのコリンウズラやカンムリウズラも放されたが、気候風土が合わずに消えていった。そのなかで、中国南部からもたらされたコジュケイだけは日本の風土に合って定着したのである。

　トキの調査で中国陝西省で復活した野生のトキを見に行ったが、その生息地は日本の昭和初期の段々になった田んぼのある山村の風景そのものだった。そこでトキの群れを眺めていると、「チョットコイ、チョットコイ」という鳴き声が山間に響いてきた。ここがコジュケイの故郷であることを再認識したものである。

　ところで、コジュケイの雑木林から聞こえてくる「チョットコイ～」の大きな鳴き声は、いつしか日本の里山によく似合い、昔から日本にいた鳥と勘違いされるようになった。テレビや映画で人気の時代劇「水戸黄門」や「清水次郎長」などでは、江戸時代の街道筋を黄門様や次郎長一家が颯爽《さっそう》と行くとき、しばしばコジュケイの鳴き声が効果音として使われる。

　しかし、コジュケイが日本にもたらされたのは大正時代のことで、大正8年に東京の赤坂と神奈川県で20羽ほどが放鳥された。以来、90年を経て現在では北海道を除く全国各地に広がったのである。時代考証をさせてもらうなら、江戸時代には日本にいなかった鳥であり、「チョットコイ、チョットコイ」という鳴き声は、黄門様も次郎長親分も聞いていないのである。

2章 多摩の里山フィールド

オオルリ♂

里山の残る多摩動物公園の秋

多摩動物公園で

本格的にバードウォッチングを始めたのは、大学の野鳥研究会に入ってからである。

以来、北は宗谷岬、東は納沙布岬、南と西は西表島《いりおもて》と日本全国、鳥を求めて訪ね歩いた。各地のバードウォッチングでは、初めて見る鳥に夢中になったものだ。

落ち着いて鳥を観察し、継続して楽しむという点で、私のフィールドNo1は八王子の自宅だが、次に鳥をじっくりと堪能したフィールドは職場だった。

最初の職場、多摩動物公園では14年間、動物の世話をしながら野鳥も追いかけた。月一回、野鳥カウントも行い、今も継続していて40年近いデータを集積している。

新米の頃の担当動物は日本産動物で、ヒグマ3頭、ツキノワグマ2頭、キツネ6頭、それにヤクシカは100頭以上、イノシシも30頭ほど飼っていた。

ヤギ、ロバ、ヤク、シチメンチョウなど家畜や家禽も受け持ち、いろいろな経験を積むことができた。担当になったばかりなのに動物たちの誕生にも死にも立ち会い、新人にもかかわらず貴重な体験ができたものである。

出産、子育ては動物に任せておけばよかったが、予想外の苦労をすることになる。

生まれたてのイノシシの瓜坊《ウリボウ》が、ハシブトガラスに肛門をつつかれ内臓を引っ張り出されて死んでいた。ヤクシカも草陰から出てくる生後1週間頃に狙われる。

極北の白夜のもとで繁殖する雁、カリガネの飼育場に、蛍光灯で人工的に白夜を作り、日本初の産卵に成功したものの、最初の卵はカラスに食べられてしまった。

園内に隣接する雑木林には多摩地区でも有数のカラスのねぐらがあり、夕方になると鉄塔の送電線に群れをなしてとまっていた。ともかく新人時代はカラスとの知恵比べ、戦いに明け暮れた毎日であった。

ハシブトガラスの巣材集め

ヤマガラ

イノシシの放飼場の傍らにエゴの木が生えていた。その丸い実をすりつぶして池や川に撒くと、魚が浮いてくる。この実には毒があり、えら呼吸の魚にだけ効き目があるようだ。

エゴの実がなると、かならず「ジィージィー、ニーイニーイ」とにぎやかにヤマガラがやってくる。実をついばんでは足指で枝に固定し、嘴《くちばし》でコツコツと殻をつつき割って中身を食べる。

シジュウカラもヒガラもエゴの実にはあまり興味を示さない。ヤマガラだけが一生懸命だった。

ヤマガラやヒガラは繁殖期には、高尾山あたりのもう少し高い山に移動して姿を消すが、シジュウカラは園内各所で繁殖していた。巣箱をよく利用し、カモシカ舎脇の巣箱をのぞくと巣材はカモシカの毛、シカ放飼場内の巣箱の中

ヒガラ

インドサイ舎の扉の鍵穴にも営巣

道路の穴にも

置き忘れの巣箱にも

はシカの毛でいっぱいである。シジュウカラの卵も雛《ひな》も温かい動物の純毛に包まれて育っていた。

巣箱代わりに投書箱で雛を育てたこともあり、巣立ちまで投書はご遠慮願った。地面に置き忘れていた巣箱でも雛を育てた。そのほか道路の割れ目、鉄パイプの中、排水用塩ビ管の中にも……。さらにはインドサイ舎の扉にも営巣したことがある。サイ舎の扉は毎日二回開け閉めするが、そのたびに大地震を経験しながらも雛たちは無事に巣立っていった。シジュウカラは家を選ばず、どこでも暮らせる逞《たくま》しい野鳥である。

シジュウカラ以外にも、繁殖している鳥は多い。ウグイスやモズは篠竹の藪、カワラヒワはカエデの枝に営巣した。メジロやエナガは巣立った雛《ひな》や、空になった巣を見つけた。

コゲラは枯れかけた木に穴をあけて巣をつくる。とくに好きな木はサクラ、そして鱗状に小さな茸がびっしり着いた枯れかかった雑木である。サクラの横筋の入った木肌も茸の斑も、コゲラが垂直に止まると背中の白斑が溶け込みカムフラージュ効果があるようにも思えた。

メジロの巣

緑色の大きなキツツキ、アオゲラも営巣した。ある日、青桐《あおぎり》の根元に積もった木くずの山で、アオゲラが開けた巣穴の存在に気づいた。キツツキのなかまは枯れているか、枯れかけた木に巣穴を掘る。キツツキが穴を開けたから枯れたのではない。このアオギリも枯れ木を嫌う植物係に切られてしまい、アオゲラは姿を消した。

コゲラ

アオゲラ

季節により山地と平地など国内で移動をする鳥を「漂鳥」と呼んでいる。とくに寒い冬には、思いがけない鳥に出会える。

冬のカラ類の混群はシジュウカラを中心にエナガ、ヒガラ、ヤマガラ、ときにはコゲラやメジロも混じる。ちなみにエナガは日本でいちばん嘴の短い鳥である。

冬将軍が居座ると、日本一小さな鳥キクイタダキやコガラが混じることもある。

「ツリリリ、ツィー」とキクイタダキの金属的なか細い声が聞こえたら、マツやヒノキなどの針葉樹を見上げ、葉の間を丹念に双眼鏡で追うと見つかる。頭の上の黄色い羽が目印だ。小さな赤い羽の混じるのがオスであり、「菊戴」の名の由来になった。

カケスも寒い冬にはやってきて、「ジェージェーイ」とにぎやかな声で気がつく。カケスの鳴き声の基本は英名にもなっている「ジェイ」であるが、もっと複雑

な声でも鳴くことができる。他の鳥の鳴き声を真似することがうまく、よくだまされる。タカが鳴いていると思い、双眼鏡で探したらカケスだったということもあった。

アカゲラも寒い冬の訪問者だ。「キョッキョッ」という鳴き声に気づき、「ケレケレケレ」という声の方を見ると、松などの幹から幹へ飛んでいくアカゲラを見つけることができる。

アカゲラ

カケス

年により、多かったり少なかったり、まったく渡ってこない渡り鳥もいる。アトリが大群で日本に渡ってきた冬は、園内でも雑木林に群れ、地面に降りて草の種を食べていた。レンジャク類も年により増減があり、多く飛来した年の春、北へ帰るキレンジャクを園内で記録したことがある。

カモのなかまではシベリア東部の限られた地域でしか繁殖しないトモエガモは、年により渡ってくる羽数の増減が激しく、多い年には園内の池でも越冬した。

多摩動物公園が開園したのは昭和33年5月5日である。開園当初は、園の周りの自然も豊かで、雑木林に囲まれた里山ではサンコウチョウも繁殖していたそうだ。今では、サンコウチョウは初夏の頃に通過するだけになった。

H.Sugita

キレンジャク

サンコウチョウ♂

H.Sugita

コルリ♂

コルリ、キビタキなども、春の数日間だけさえずりが聞こえ、通過で立ち寄ったことが判る。アオバズクの「ホーホー」、ヨタカの「キョキョキョキョキョ」というなます叩きの声も初夏の風物詩であった。

夜の鳥の代表格も見ることができた。冬、宿直の夜に「ホーホー、ゴロスケ、ホーホー」と鳴き声がする。フクロウの声は「ボロ着て奉公」という聞きなしで知られている。ちなみに、野鳥のさえずりを人の言葉に置き換えて表現することを〝聞きなし〟という。聞きなしは複雑なさえずりを覚えやすくしたものでもある。

即座に「ホーホー、ゴロスケ、ホーホー」と真似して鳴き返す。徐々にフクロウの声が大きくなり近づいてきていることがわかる。松の枝で、声の方向をきょろきょろ探しながら、さらにまた鳴き返してくる姿をはっきりと捉えた。

キビタキ♂

オオコノハズクも冬の雑木林で昼間、枯れ枝にうつろな目つきで止まっている姿が確認されている。

東京でも郊外の里山や緑地でオオタカがよく見られるようになった。ドバトとムクドリが格好の餌になっていて、園内もよい狩り場になっていた。目の前でドバトを仕留める光景に出くわしたことがある。空中からのバサッという鈍い音に振り向くと笹やぶで、ドバトを足で押さえつけているオオタカがいた。

オオタカが現れるとカラスが騒ぎだし、空中戦をはじめるので見つけやすい。個体により得意な獲物があるようで、カラスを専門に襲う若いオオタカがいた。また飼っているカモなどを専門に狙うオオタカも現れ、悩まされたこともあった。

センダイムシクイ、メボソムシクイ、エゾムシクイの3種はウグイスをひと回り小さくしたような小鳥である。姿は見つけにくいが、5月上旬に声を聞くことができる。

日本の山地で繁殖し、冬は南の国に渡り、春になると戻ってくる。繁殖地へ向かう途中に、緑の孤島になってしまった園内を通過するのだ。秋も通過するかもしれないが、さえずらないのでわからない。

聞きなしで「焼酎一杯グィー」と鳴くのはセンダイムシクイ、「銭取り、銭取り」は高山に行って繁殖するメボソムシクイだ。「ヒーツーキ」と聞こえるのはさらに北に渡るエゾムシクイである。

この3種はそっくりなので、姿では区別し難いが、ひと声鳴いてくれれば、すぐにどのムシクイか判明する。メスには同種のオスのさえずりがしっかりインプットされているから、伴侶を間違えることはない。

サメビタキ

エゾビタキ

日本の夏に子育てをして、冬は南に渡り、春にまた生まれ故郷に帰ってくるのが夏鳥である。

春の渡りでは姿を見せないが、秋にやや標高の高い山地や北国から、南の越冬地に渡るとき、通過するのがエゾビタキ、サメビタキ、コサメビタキの3種である。虫を採るために、高い目立つ枯れ木の先から飛び立ってはもどる採食飛行を繰り返す。

ヒタキとは「火焚き」の意味で、カチカチという地鳴きが由来である。ジョウビタキやルリビタキもそうだが、昔のマッチである火打石を叩いたときのカチカチという音からヒタキの名がついた。

ジョウビタキはスズメくらいの冬鳥で、毎年、園内に数羽がやってきて越冬している。翼に白い斑紋があり、モンツキなどとも呼ばれ、ヒタキ特有の「カチカチ」と聞こえる地鳴きで、その存在が知れる。冬は単独で決まった縄

ジョウビタキ♀

張りをつくり、異性でも縄張りに侵入すると追い払う。たいてい決まった場所に縄張りをつくるので、毎年同じ場所でジョウビタキを見ることができる。

同じ場所にやってくるジョウビタキは、果たして同じ個体なのか、あるいは種としてお気に入りの場所で個体は代わっているのか、興味が湧いた。昆虫園のミカン畑にくるオスの足にピンクのカナリア用リングを付けたことがある。このピンクオスは3年連続してミカン畑にやってきた。

秋の1日だけ観察できた渡り鳥に、アリスイがいる。アリスイは北海道など北国で繁殖し、冬は東南アジアに越冬のため渡る。秋の渡りの途中で立ち寄ったのであろう。

昭和57年10月のこと、私は昆虫園のミカン畑でアリスイと遭遇した。ミカン畑を囲むブロックと土の間にアリの巣があり、そこに嘴《くちばし》を突っ込んではアリを食べていた。その後、夏の北海道でも林の杭《くい》に止まるアリスイを見かけたが、初対面は職場のミカン畑だった。

アリスイ

クロトキ

ライオン園の裏に、職員が大正池と呼んでいる池がある。池はもともと遊水池であったから、10年に一度くらい浚渫《しゅんせつ》をしないと、埋まって湿地になってしまう。

水面が開けているときは、コガモやカルガモなどが羽を休めていた。それが埋まって干潟化してくると、タカブシギやイソシギが飛来するようになる。

また、トキの野生復帰実験で放したクロトキが、しばしば餌の魚を捕りにきていた。10センチくらいのフナを、そのカーブした嘴で上手につかんで飲み込むのを見かけたことがある。

イソシギ

タカブシギ

カワセミ♀

大正池にはモツゴなどの小魚も豊富だったから、カワセミがよく飛来した。
初夏の頃、カワセミが池に流れ込む小川の方に飛んで行くようになった。流れの片側には赤土のむきだしになった土手がある。土手の上には笹が生えている。
ちょうど笹の覆いかぶさるようになった流れのカーブに直径6センチほどの穴が開いていた。ペンライトで穴の中をのぞいて見ると、行き詰まりがオレンジ色に見える。オレンジ色はカワセミのお腹の羽だった。この巣からは3羽の雛《ひな》が巣立った。

カワセミ♂

カワセミの巣立ち雛

カワセミのホバリング

ゴイサギの群れ

大正池をはさんで北側と南側の谷には、雑木林が残されていた。まわりの住宅地との緩衝地帯ということで動物舎を造らなかったのである。北側の谷には、昭和49年頃、ゴイサギのコロニーができた。

毎月1回の野鳥カウントで谷に入ると、ゴイサギがいっせいに飛び立つ。ライオンの寝室上のサファリ橋から飛び立ったゴイサギを数えたものだ。最も多いときは約150羽がすみついていた。

ゴイサギ

ゴイサギは昼間はコロニーですごし、夜になると魚やザリガニを捕りに飛び立つ。大正池の岸辺には、ゴイサギが吐き出した未消化のザリガニの殻、ハサミや足。それに魚の鱗などで塊状になったペリットがよく落ちていた。

あるとき、突然ゴイサギの姿が1羽残らず消えてしまった。隣接する雑木林が切られ、住宅建設が始まったのであ

る。青梅市の竹林にゴイサギの大群がすみついた、という新聞記事を見つけたのは、ちょうどその頃だった。

新米飼育係の頃は自宅のある文京区から職場まで1時間半ほどかけて通っていたので、よく宿直をしては職場に泊りこんでいた。

宿直は夕方と朝、園内を見回らなければならない。担当以外の動物を見ることのできる貴重な時間でもあった。しかも、早朝と夕方は野鳥の動きが活発な時間帯である。47ヘクタールの園内を独占して鳥あそびをしたものだ。

梅雨のころ、夜の園内を一人で見回っていて、「ボーボー」というミゾゴイの鳴き声を耳にした。翌朝、さっそく巣をかけそうなうす暗い雑木林を探してみると、大正池の南側の谷の斜面に巣があった。昭和49年のことで、もう1巣見つけて、それぞれ4羽ずつの雛《ひな》が育った。

この年を最後に、ミゾゴイは巣どころか声も確認できなくなった。ミゾゴイは繁殖地に限れば、日本固有種に近く、

エナガ

かつては東京近郊の里山でもわりと普通に繁殖していたが、今では絶滅危惧種になっている。

ミゾゴイが巣をかけた場所は、職員が大畑沢と呼んでいた谷の斜面で、一帯の雑木林は長い間伐採をしていないためコナラやクヌギが大木になり、うす暗い林になっていた。大畑沢には湧き水があり、小さな流れになり、大正池に注いでいた。そこで流れをせき止め、野鳥の水場を作り、廃材を運び込み、ブラインドを建てた。

シジュウカラやメジロはすぐに水浴びにきた。ブラインドの上から「ジュリジュリ、ジュルリ、ツリリリ、チーチー」という声がする。エナガの群れが近づいてきたのだ。どきどきしながら待っていると、ようやく水場に下り、数羽ずつ代わる代わる水を浴びては、飛び去った。

エナガの顔が妙にかわいいのは、眼が丸くてその縁に黄色いリングがあり、短い小さな嘴《くちばし》をしているせいであろう。

メジロがシジュウカラに威嚇。右はヒガラ

水場では、強い鳥が水浴びしたり、水を飲んでいたりすると、小さな鳥たちは遠巻きに順番待ちをしている。

水場の小鳥たちを見ていると、それぞれの性格、気の強さなどもわかってくる。小さいながらメジロは気が強く、後からきたシジュウカラに対し、嘴《くちばし》をくの字にして「チーチー」と抗議する。

冬場に小群で飛んでくるカシラダカは、仲間同士でもいがみ会い、弱いものは追い払われてしまう。

カシラダカが何かの気配にいっせいに飛び立つと、大きなシメが舞い降りてくる。シメは翼を広げて丹念に水浴びをする。そのシメも、もっと大きなツグミやアカハラがくると水場を譲らなければならない。

シメ

カシラダカ

トラツグミ

冬、雑木林の林床には落ち葉が積もる。落ち葉のなかから突然、ガサガサッと大きな音がする。よほど大きな動物がいるのではないかと、音のする方に双眼鏡を向けてみた。犯人はツグミのなかまである。トラツグミ、シロハラ、アカハラ、ツグミの4種が毎年、秋から春まで観察することができた。ツグミたちが力強く、嘴《くちばし》を振るたびに、ガサ、ゴソ、ガサと落ち葉が飛びちり、その下に潜んでいるミミズや虫を見つける。

広いロバの放飼場の片隅に、ミミズを湧かそうと積んでおいたロバ糞の山に、よくトラツグミが寄ってきて、糞を掘り返していた。

昭和57年2月、大畑沢に入っていくと、地面から茶色い塊が飛び立った。一瞬の出来事で、キジのメスではないかと思った。斜め直線状に飛び上がった二回目の出会いで、ヤマシギと確認できた。

ツグミ

ヤマシギ

ブラインドの前に高さ30センチの土留めを築き、落ち葉をかき集め、ゾウの糞を運んでミックスし、踏みしめた。それから10カ月後の冬のある日、ブラインドの小窓から外を見ると、落ち葉がかさこそと動くではないか。動く落ち葉の正体は、落ち葉色の羽をしたヤマシギだった。夏の間に落ち葉は、ミミズの湧く腐葉土になっていたようだ。

50センチの至近距離で、ヤマシギと目が合った。ヤマシギは硬直したように一瞬動きを止める。私も石になる。と、ヤマシギは安心したように歩き出し、ミミズ掘りを再開する。ヤマシギが腐葉土に嘴《くちばし》を突っ込んだ瞬間、こっちもちょっと動いて体制を整える……。さながらヤマシギと「達磨さんが転んだ」をしているような気分で遊んでもらったひとときであった。

園を形成する南側はもともと雑木林に覆われた谷間であった。この谷をせき止め、上流にガン池、中流に第一ダム、門に近い一番下流に第二ダムの3つの池がある。

池にはガンやカモ、ハクチョウやコクチョウなど飼育されている水鳥だけでなく、野生のカモも飛来した。

多摩動物公園へ飛来するカモのうち、いちばん羽数の多いのはマガモである。

冬鳥として飛来するマガモは、不忍池などではオナガガモの群れに少数が混じっているなど、大きな群れは少ない。多摩動物公園は100羽を超すマガモが毎年越冬し、すぐ目の前で観察できるという、都内では珍しいマガモの穴場である。

池やダムでは、ときどきオシドリが観察されることがあった。飛ぶことのできる野生のオシドリは魅力的である。

昭和54年から、人工孵化で殖やしたオシドリの片方の風切羽を、はさみで切って放鳥する試みをはじめた。

このオシドリたちは、一年経つと羽が生え換わり飛べるようになる。オシドリたちの一部は園内にすみつき、周辺の池でも観察されるようになった。放したオシドリには国際的に通用する標識リングを足に付けてある。

昭和56年9月15日、2年前に放した1羽がシベリアで捕獲された。人工孵化でも野生での生活力をもったオシドリを誕生させることが証明された。昭和58年春には雑木林で雛が誕生し、第一ダムでオシドリの親子が観察されている。

オシドリにつづき、昭和58年にクロトキの放鳥も試みた。クロトキは江戸時代の古文書にクロクビとかカマサギとして記録されている。

関東地方のサギ山を描いた絵巻物に、サギのコロニーでいっしょに営巣するクロトキが描かれている。クロトキの復活と飛ぶ鳥の展示をしたいと思い、オープンケージで孵化した雛の羽を、切らずにそのままにしておいた。

オシドリの親子

クロトキ

飛べるようになると、毎日、浅川や多摩川で採食して帰ってくるようになる。２羽が朝、多摩動物公園を飛び立ち、東京湾岸の千葉県行徳で昼間に観察され、夕方もどってきたこともあった。

それは佐渡での将来のトキの野生復帰も念頭に入れた試みであり、実際、平成20年には佐渡においてトキの野生復帰が始まっている。

ニホンキジは、浅川や多摩川の河川敷や周辺の畑でもよく見かける鳥である。日本の国鳥でもあり地元のキジなので、園内への放鳥も行った。

居ついたオスのなかには、キジの飼われているケージの裏に現れるものもいて、飼われているオスとフェンス越しに真剣に張り合っていた。

キジ♂

コジュケイは外来種であるが、開園当初からすみついていた。「チョットコイ、チョットコイ」と大きな声で鳴く。園内でも繁殖していて、よく6月頃に側溝に落ちて上がれずにいる雛を助けたものだ。

このコジュケイは水浴びをしない代わりに、乾いた土や砂を浴びて、羽をきれいに保とうとする。砂浴びの後には、ちょっと間、日光浴をする。鳥たちが砂浴びをする絶好の日向斜面があって、キジバトやスズメもよく使っていた。

昭和58年にトキの飼育繁殖技術を研究するため、近似種を飼う「トキ舎」が新設された。トキ舎は園内のメインコースから外れた、静かな雑木林に囲まれた緩やかな谷間に建てられた。以来、そこが私の主たる仕事場になった。

アフリカゾウ舎新設で植え換えることになった梅の木を、トキ舎の中と作業室の横に移植したことがある。その梅が花開いた頃、枝にリンゴ、ミカン、煮イモを刺してお

砂浴びするコジュケイ

いた。すると、メジロがさっそくやってきた。メジロは甘い煮イモが大好きなのだ。梅の満開時に練ったイモを枝に塗っておくと、目ざとく見つける。

余談だが、ウグイスの羽色はメジロより地味なオリーブ色だから、「鶯餅」の緑色というのは、ほんとはメジロの色なのである。さらに興醒めなことをいうと、「梅に鶯」というのは、梅の木に飛んできたメジロをウグイスと間違えて喩《たと》えた言葉ではなかろうか。

当時、動物園には災害救助用の賞味期限切れのカンパンが回ってきて、動物たちの餌として使っていた。トキ類以外にイノシシやクマなど雑食の動物も担当していたので、

キジバトとムクドリ

カンパンを随分と使ったものである。

トキ舎の裏にクヌギの太い丸太で野鳥の餌台を作り、カンパンを砕いて置いておいた。

植物食のキジバト、雑食のコジュケイがカンパンを食べても不思議はない。ところが、虫を主食にしているはずのウグイスやメジロ、ムクドリ、ツグミ、シロハラもみんなカンパンが好きなのである。やはり、非常時のすぐれた栄養食だけのことはあると、妙に感心したものだ。

しかし最近の動物園はカンパンを受け入れず、餌としては使わなくなった。カンパンは歯の裏などにくっ付きやすく、オランウータンをはじめ歯磨きをしない多くの動物に虫歯が多発したからである。

コジュケイ

トキ舎の排水は道路下の暗渠から一度、雑木林に覆われた流れの開渠に出て、ふたたび排水管の暗渠に潜り、浄化槽に入っていた。この開渠の流れには渓流の雰囲気をだすため岩を配して、両岸は笹に覆われていた。

そこは珍鳥の出るバードウッチングの穴場だった。流れの底は泥で、トキ舎から流れてくる排水には栄養豊かな人工飼料のかけらが混じっているので、土にはイトミミズが湧いていた。

一年を通じてキセキレイが常駐し、近くの玉石の崖に巣を作った。冬場はルリビタキとミソサザイがよくやってきて、ミミズなどをついばんでいたものである。

ルリビタキ♂

関東地方では非常に珍しい珍鳥が、昭和53年12月4日から13日までこの穴場の流れに滞在した。島根の石見《いわみ》地方をはじめ西日本では少し繁殖記録があるものの、大陸からの迷鳥とされていたイワミセキレイである。

日本の代表的なキセキレイ、セグロセキレイ、ハクセキレイの3種のセキレイは、尾を上下に振りながら水辺を移動し、ミミズや虫をとる。

ところがイワミセキレイは、見なれた3種とは違って、尾を左右に振るのだ。冬の10日間、この珍客の一風変わった尻振りダンスを観賞することができた。

トキ舎前の北側斜面の雑木林も、昭和33年に開園して後は伐採されることなく、コナラやクヌギ、シデやアカマツの大木がうっそうと茂る森となっていた。

昭和55年にヤブサメが、昭和56年にはオオルリの雛《ひな》が園内で保護されたことがある。伐採されなかったために薄暗

イワミセキレイ

オオルリ♂

ヤブサメ

くなった森の環境が、それまで確認されなかった鳥の繁殖を促したようである。以後、数年間は、初夏から梅雨時にはオオルリとヤブサメのさえずりを聞かせてもらった。

その後、20年以上ほったらかしだった雑木林の伐採が行われた。林から明るい草原に環境が変化したとたんに、オオルリの「ピーリーリー、チュービービー、ジジ」というさえずりもヤブサメの「シーシーシーシー」という虫の音のような鳴き声も聞かれなくなった。

オオルリの巣立ち雛

鳥名人2　日本一の鳥飼いは木登り上手

あるときミゾゴイの巣を見つけ、卵の有無を確認し、写真を撮っておこうということになった。巣は雑木のかなり高い所にある。私は高所恐怖症だから、木登りは苦手である。木の下で躊躇していると、同僚の杉田平三さんが、巣のある木の隣の木にするすると登り、あっという間に写真を撮って降りてきた。

私も写真が撮りたくて、真似して登ろうとしたが、かなり細い雑木だから杉田さんのようには登れない。しかたなく、私のカメラを杉田さんに手渡して、もう一度木登りしてもらった。そのとき撮ってもらったミゾゴイの真っ白い5個の卵がこの写真である。

私が生まれ育ったのは、日本橋や神田横山町という木登りをする機会などない都会の真ん中だった。飼育係仲間であり、鳥あそび仲間でもある杉田さんは、多摩動物公園の里山に連なる多摩市で育ち、木登りは子どもの頃から鍛えていたらしく、お手のものである。

H.Sugita

ちなみにこの杉田さんは、昭和63年に日本で初めて孵ったニホンコウノトリを育てた人である。平成11年に佐渡で初めて孵ったトキの「優優」も、自力で孵化することができなかった。念のため佐渡に渡って待機していた杉田さんが卵殻を剥いて孵したのだ。

杉田さんは日本一の鳥飼いであり鳥の飼育係であるが、野鳥への造詣も深く、毎週のようにバンディング調査を行っているバンダーでもある。

杉田名人とは多摩動物公園時代に組んで仕事をしていたので、一緒には鳥を見に行けなかった。そのかわり、山の中や河原に暗号になるいろんな目印を付けては、交互に富士山や多摩川に出かけ、鳥あそびをしたものである。

クジャクの放し飼い

多摩動物公園は開園当初は、殖やした鳥、とくにクジャクやキジのなかまを放し飼いにしていた。なかには園外に飛び出す鳥もいて、開園した昭和30年代中頃には周辺でキンケイやらハッカンなど思わぬ鳥に出くわすことが評判になった。園内に放し飼いにしたキジのなかまで定着したのはクジャクだけだった。

ほとんどが家禽化されたインドクジャクで、数羽のマクジャクも放され、そのうち交雑もおこり両種の中間的なクジャクも見られるようになった。ただ、もともと深いジャングルにすむマクジャクの血の濃い羽色の個体は、園内の大木のある薄暗い場所に定着していた。

一方、開けた場所を生息地とするインドクジャクは、園路などで羽を広げ人気者になっていた。インドクジャクは縄張りをもって一定数が放し飼いの展示鳥類として定着したのである。

しかし、園内で繁殖した雛が育ち、数を増してくるとトラブルも起こすようになった。縄張りを持てないクジャクが園の外へ出て行き、京王線の線路で羽を広げて電車を止めたことがある。隣の中央大学に飛んでいき、ガラスの屋根を破ってしまい、弁償したこともあった。

鳥名人3　鷹匠にだまされる

フクロウに餌を与える室伏さん

多摩動物公園に勤めていたときのこと。
「夜になると、園内でフクロウの声がするんです……」
と教えてくれたのは、夜間飼育係をしていた室伏三喜男さんだった。当時は、夜の動物たちを見回り、動物の子どもの人工哺乳なども担当していた夜間飼育係は3名いた。交代で2名が勤務し、2名の宿直と、さらに2～3名の独身寮住人、二軒の家族寮住人と合わせて10人弱の飼育係が、夜の多摩動物公園を守っていた。

フクロウの声がすると聞いて、私はじっとしていられなくなり、いったん家に帰ってから、夜も更けた九時過ぎ、フクロウ探しのために職場へと戻った。室伏さんの言うフクロウがよく鳴くという場所は、動物の飼われていない森に囲まれた遊歩道である。暗い夜道をたどって現場まで行った私は、さっそく「ホー、ホー、ゴロスケホーホ」と声真似を繰り返してみた。

すると、下の谷から「ホー、ホー、ゴロスケホーホ」と鳴き返してくるではないか。懐中電灯を照らして声のする方を探してみたが、その姿をとらえることはできない。

そこでまた鳴き真似をしてみた。と、一呼吸おいて、ふたたび谷底から「ホー、ホー、ゴロスケホーホ」と返ってくる。

おかしい……。本来なら木の梢から、つまりもっと高いところから声がするはずなのだが……。それにあちこち動き飛びまわって、いろんな方向から聞こえるはずなのだが、低い位置からしか聞こえてこない。

変だなあと思いつつ辺りを探していると、巡回中の室伏さんが、ひょっこり遊歩道に現れた。私は、

「いまフクロウが鳴いていたけど、気付かなかった?」

と聞いてみたが、室伏さんはにやにやしているだけである。が、ついに我慢できなくなったようでゲラゲラ笑いだした。

そう、私の声真似に応えていたのは、フクロウではなく室伏さんだったのである。

室伏名人は、日本放鷹協会会長で第十七代諏訪流鷹師という鷹匠でもある。当時の室伏さんは、動物園の夜間飼育係として勤めるかたわら、昼間は鷹師として活躍していた。猛禽類のプロであるから、タカやフクロウの声真似もお手のものだったのである。

H.Sugita

ジョウビタキ♀。目立つ場所にとまり、メスも
オスと同様に尾をふるふると振るのがかわいい

3章 水辺のフィールド

オナガガモとキンクロハジロ

上野・不忍池《しのばずのいけ》に集う水鳥たち

昭和61年に上野動物園に転勤になった。上野でも自分のフィールドを持ちたいと思っていたところ、不忍池という大都会の真ん中にある、素晴しい水鳥の楽園が待っていた。

冬の不忍池の風物詩は北国から渡ってきて、羽を休めるカモたちである。オナガガモ、キンクロハジロ、ホシハジロの三種が数の上ではベストスリー、マガモ、コガモ、ハシビロガモ、それに留鳥のカルガモもまじり、オシドリが飛んでくることもある。

カモたちの食事方法は水面型、逆立ち型、地上型、潜水型とさまざまである。マガモやカルガモ、それにハシビロガモなどは主に水面に浮かぶ餌を食べる水面型である。オナガガモやコガモも基本は水面型であるが、浅瀬では逆立ちをして水底の餌も食べる。

回転しながら採食するハシビロガモ

集団で協力するように採食するのはハシビロガモだ。何羽ものハシビロガモが輪を描いて泳ぎながら餌を採《と》る。共同で水面をグルグル泳ぐことで、渦巻状の水流を起こし、水底の餌を上昇させ水面に集めているのである。浮いてきたプランクトンなどをしゃもじ型の大きな嘴の縁にある細い櫛状の突起で濾《こ》し取って食べている。なぜか、雨の日ほど集団は大きくなり35羽を数えたこともある。

ホシハジロとキンクロハジロは突然水に潜って姿が見えなくなり、10メートル以上も先にヒョイと顔を出す。羽白《はじろ》ガモのなかまは潜水型の採食行動で、水面だけでなく、潜って水底の餌、植物質も動物質も食べている。

魚を採って食べるミコアイサや、貝を主食にしているスズガモなど

ハシビロガモ♀の嘴

動物食のカモは台風などで海が荒れたときに観察されることがある。

　地上型の代表はヒドリガモである。ヒドリガモの嘴は他のカモに比べ小さく、好物である草を千切るのに適している。池の土手に上がり、ペアや数羽で芝生や雑草をつまんでいる姿を目にすることができる。

　本来、オナガガモは水面型のカモで地上型ではないが、不忍池では遊歩道で餌をもらいドバトになぞらえてドガモと呼ばれていたこともある。

　昭和24年に不忍池でカモの餌付けが始まって最初にやってきたのはコガモである。つづいてオナガガモも飛んできたが、昭和30年代になるまでは、まだ人には馴れていなかった。オナガガモが遊歩道に上がって人からパンくずをもらうようになるまで10年ほどかかっている。

　昭和40年代までは、餌づいて人に寄ってくるオナガガモは全国でも不忍池にしかいなかった。昭和50年代に入ると、不忍池以外でも各地でオナガガモが餌付きだした。人間から餌をもらうというオナガガモの文化は、不忍池を発祥の地として日本中に広まったのである。

潜水型のホシハジロとキンクロハジロはあまり土手には上がらないが、オナガガモ、ヒドリガモ、ハシビロガモはよく土手で休んでいる。羽づくろいするものもいて、光沢のある翼や尾羽を広げて羽の手入れをしている。

尾羽のつけ根にある尾脂腺から出る脂を、嘴《くちばし》で羽に一本一本丁寧に塗りつけているのだ。脂を塗った羽は水をよくはじき、羽毛の間に空気をためて浮き袋の役目をする。ときに見かける体が沈んで泳いでいるカモは、尾脂腺からの分泌物を塗るのを怠った体調の悪いカモである。

カモたちの食事の作法がさまざまなように、鳴き声も少しずつ異なる。カモの鳴き声といえば、ドナルドダックのような「グェグェ」というアヒル声を想像するかもしれな

羽づくろいするオナガガモ♂（左）
とハシビロガモ♂（上）

い。ところが、耳をすましてよく聞くと、それぞれなかなか味のある鳴き声を聞かせてくれる。

いちばん数の多いオナガガモのオスの声は「ニィニー、ニィニー」と聞こえ、メスはカモらしく「グェグェ」と鳴く。ヒドリガモは「ピュー」と口笛のような声、ハシビロガモのオスの声は「クワッ」とか「クェ」と聞こえ、メスは「ガーガー」と鳴く。

コガモのオスはやや甲高く「ピリッピリッ」と鳴き、メスの声は「ゲックェクェ」と聞こえる。

稀な訪問者であるトモエガモのオスは「ウルップ」と鳴き、ふだんはオスもメスも「ココココ」と小さな声で会話をしている。

ヨシガモのオスはナポレオンの帽子のような頭を後ろに反らせて、「ホィブルルル」と鳴いてディスプレーをする。意外な声を出すのはシマアジという魚のような名前のカモで、「ブーブー」とブタのような鳴き声である。

シマアジ♂

ヨシガモ♂

「グェグェ」と鳴くのは、アヒルの原種でもあるマガモと、マガモにいちばん近いカルガモである。マガモとカルガモは言葉が交わせるのか、交雑個体をよく見かける。雑種個体は「マルガモ」と呼ばれている。

マガモは本来冬鳥で、夏に不忍池に残っているのは、野生化してマガモのように暮らしているアヒルの血が入ったアイガモかもしれない。その怪しいマガモとカルガモのペアが10羽ほどの雛《ひな》を連れていた。雑種だから雛の色が少しずつ微妙に異なり、成長したマルガモの写真は、合成写真のようにも見える。

他にも雑種の例がある。マガモとオナガガモの雑種は羽色がオナガガモ、胸の茶色と尾のカールと足のオレンジ色はマガモ、大きさは両種の中間である。

マルガモ

不忍池ではトモエガモとオナガガモ、ホシハジロとキンクロハジロ、ヒドリガモとアメリカヒドリの雑種が観察されている。シベリアなど北の繁殖地で、異種のカモがペアになり、その子が不忍池に渡ってきたのであろう。

マガモとオナガガモの雑種はオナガガモの群れ、ホシハジロとキンクロハジロの雑種はホシハジロの群れにいた。しかし、群れのなかでなんとなく偉そうにしている半面、ポツンと孤独そうにも見える。マガモのグェグェ語とオナガガモのニィニー語、どちらの言葉もしゃべれない雑種ガモは、うまく会話ができないのかもしれない。

同類と会話ができなかったのは、平成5年2月に不忍池に現れた矢ガモである。この矢ガモが、餌を食べている同種のオナガガモの群れのなかに舞い降りると、カモたちは避けるように逃げ、ポカッと空間ができた。異様なものを背負っているため、同類からも敬遠されていたのである。

矢ガモはハス池やボート池にいると野次馬やマスコミに

トモエガモとオナガガモの雑種♂

襟巻状の羽をもつホシハジロ♂

白化したホシハジロ♀

追われるため、人の入れない動物園池の岸辺で休むようになった。ここでも矢ガモが近づいてくると、他のオナガガモは席を譲っていた。そこで私たちは、この矢ガモの指定席に網を張り、彼女を保護することに成功したのだった。

たまに羽の色などに異常があるカモも見受ける。

顔の白いメスのホシハジロが数年にわたって飛来し、全身が白っぽくなり雄化したメスのホシハジロも観察された。ホシハジロのオスでは襟巻状の羽が首についている個体も観察されている。

サラブレッドの額にある白い斑と同じような流星を持つオナガガモのメスもいた。全身が真っ白いキンクロハジロの記録もある。突然変異で生まれたものは長生きできないようだ。白いと目立って、渡りのときにハヤブサなどに襲われやすく、狩猟の的にもなりやすいからだ。日本に渡ってくるだけでも珍しいのだが、不忍池ではこんなに見つかっている。

キンクロハジロ♂

白化したカイツブリ

不忍池に近い市ヶ谷のお堀には、平成7年の冬に白いカイツブリが飛来している。

多摩動物公園の池では、昭和63年にバフ色のカルガモが、平成11年には真っ白いカルガモが飛来した。

ニワトリなどの品種改良では近親交配や放射線照射で白い品種などが作られてきた。変種のカモが数多く観察された15年ほど前は、旧ソ連の崩壊でシベリアなどでの放射線漏れ事故が話題になったころである。冬鳥として渡ってくるカモたちはシベリアで繁殖したり、シベリアを経由したりして日本に到達する種が多く、当時ちょっと気になったものである。

不忍池では、本来日本には渡ってこないカモも羽を休めている。アメリカ大陸の渡り鳥であるはずのクビワキンクロが不忍池で見つかったのは、昭和59年2月29日のことである。野鳥好きの中学生が見慣れないカ

白いカルガモ

バフ色のカルガモ

人気者になったクビワキンクロ

モを見つけ、飼育係にたずねたことから発見された。

このクビワキンクロはオスで、冬の不忍池の人気者になり、全国から野鳥ファンが押し寄せた。

当時、私は多摩動物公園に務めていたが、噂を聞いて見に行ったものである。目当てのクビワキンクロは池の真ん中で休んでいて、双眼鏡でやっと確認できた。

その後10年連続して飛来したのだが、年ごとに岸辺に近づき、私が上野動物園勤務になった頃には、目の前で肉眼ではっきり観察できる名物ガモになっていた。

クビワキンクロのような日本にはいないはずの鳥は「迷鳥」と呼ばれている。やはりアメリカ大陸から飛来したコスズガモのオス、オオホシハジロのメスも、迷鳥として不忍池で観察された。

コスズガモ♂

アカハジロ♂

また、アジア大陸からの稀なカモとして、アカハジロがときどき羽を休めたこともある。コブガモ、アカツクシガモ、エジプトガンが現れたこともあるが、この3種は迷鳥ではなく飼い鳥が逃げてきたものだった。

昭和33年のこと、狩野川台風で皇居のお堀が崩れ、そこに居ついていた200羽近いオシドリが、不忍池に避難してきたことがある。

2年後には400羽を数えるまでになり、それこそ池が真っ赤に見えたそうだ。同じ年には不忍池に設置した巣箱でも産卵が確認された。最近の不忍池ではオシドリはめったに見られず、東京都内でのオシドリ・スポットは明治神宮の森や井の頭池となった。

オシドリの親子

井《い》の頭《がしら》池もフィールドに

井の頭自然文化園に転勤になったのは、忘れもしない平成9年4月1日のこと。辞令を受け取りに自然文化園の事務所に立ち寄ったとたん、鼻がむず痒《がゆ》くなり涙が止まらなくなった。事務所の入口は一面イヌシデの花粉で黄色くなっており、この日から花粉症に罹《かか》ってしまった。

井の頭でフィールドにしたのは、武蔵野の面影を残す雑木林と神田川の源流となる井の頭池である。転勤の時期は桜の季節でもある。マスクをして、涙をこらえながら、池畔に植えてある満開の桜越しにオシドリたちを眺めた。

井の頭池が不忍池と異なる点は、水辺ぎりぎりにもサクラやヤナギが植えてあり、池に大きな枝が張り出していること。ややうす暗い環境はオシドリの好む水辺、張り出したサクラの枝は格好の休み場になっていた。満開のサクラ

オシドリのペア

カルガモの母子

の枝で休むオシドリたちの姿や、サクラの下を泳ぐカルガモは、不忍池とは一味違う風情があった。

オシドリもカルガモも、不忍池でも井の頭池でも繁殖例がある。毎年、カルガモは雛《ひな》を連れたメスを目にするが、最初は10羽前後いた雛が、大きくなるにつれ、しだいにその数が減っていく。それはカラスやライギョ、最近ではカミツキガメなどに狙われるからだろう。

不忍池は周辺を見まわすとビル群が迫っているが、水面だけを眺めていれば江戸時代にタイムスリップすることができる。江戸の町を舞台にした時代劇、池を背景にした場面では、カイツブリの「キリキリキリ」という甲高い鳴き声がしばしば効果音として使われる。明神下の銭形平次が池を背景に銭を投げるシーンの設定は、神田明神の目と鼻の先にある不忍池にちがいない。

カイツブリは鳰《にお》とも呼ばれ、夏の季語として江戸時代の和歌にも歌われている。

カモたちが北国に帰り、ハスの新芽が水面に顔を出す風薫る五月、水鳥の少なくなった池でカイツブリの繁殖が始まる。その巣は水草などを巣材にして、水面に「浮き巣」を造ることで知られている。しかし、何か足がかりがあった方が営巣しやすいようで、実際にはハスやアシの茎などに固定した巣の方が多く見られる。

ハスのない井の頭池では、ボート乗り場のボートをつなぐ杭《くい》を足がかりにし、気の早いカイツブリは水面に垂れ下がった満開のサクラの枝に巣を造っていた。

カイツブリの子育てのピークは5月から7月で、この時期にハスが急激に伸びて葉が開くので、雛《ひな》が孵《かえ》るころには、巣はハスの葉でうまく隠される。

雛は縞模様があり、親の背中から顔を出したり、餌をもらったりする姿がなんとも愛らしい。孵化したての雛はしばらく片方の親とともに巣にとどまっている。

カイツブリは潜水が得意で、水中に潜って獲物をとらえ

桜の枝に営巣したカイツブリ

る。その足指はボートのオールのような大きなひだがついていて、この足指が水中での推進力を作り出している。

カイツブリはオスメス同じ羽色なので、どちらかは判らないが、巣で雛を守っている方をメス、餌を捕っては運んでくる親をオスとしよう。オスが小さなスジエビやクチボソと呼ばれている小魚モツゴを運んでくると、雛はメスの背中や翼の中から顔を出し、餌をもらう。

獲物が大きいとオスはエビや小魚を嘴で振り回し、千切るようにして雛の待っている巣に戻る。

ふつうは3、4羽の雛が孵るが、6卵も産んで孵《かえ》ったこともある。雛が少し大きくなると、巣を捨てて家族で行動するようになる。この頃が雛にとっては最も危険な時期で、日に日に雛の数は減っていく。1羽でも成鳥になればいいほうであろう。

雛にとって一番の天敵は、正式にはカムルチーと呼ばれるライギョである。カムルチーは中国産の外来魚で不忍池

カイツブリの子の足指もオールのような形状に

カイツブリの親子

にも80センチ級のがいて、襲われた雛は一飲みにされてしまう。

昨日まで抱卵中だった巣で、アカミミガメが日光浴をしていたこともある。アカミミガメもアメリカ原産の外来種である。日本在来の先住種カイツブリが外来の新参者にやられているのだ。それでもカイツブリは、負けずに何度も巣を作り直し、産卵する。健気《けなげ》にも、11月になっても雛を育てているペアを観察したこともある。

カムルチー

カイツブリの餌メニューにはアメリカザリガニも入っている。上手にハサミや足をちぎって食べてしまう。皮肉な話ではあるが、外来種は天敵であると同時に、食べがいのある餌にもなっていた。平成の不忍池生態系は江戸期とは変わってきているが、明治、大正、昭和と少しずつ変化しながらも、よき自然環境として維持されてきたのである。

ササゴイという笹の葉のような緑色の羽をもつ小さなサギは、「釣りをする鳥」として知られている。ササゴイは虫や小さな葉、枝などを啄《ついば》んで、水面に落とし、寄ってきた魚を捕って食べるのだ。不忍池でもササゴイは観察されているが、稀な存在である。

　不忍池にはササゴイまがいの採食行動をするゴイサギもいる。昼下がりの池でコイやカモにパンくずを投げている人を見つけると、夜行性のはずのゴイサギが樹上から池に舞い降りてくるのだ。人が投げたパンにはカモだけでなく小魚のモツゴも集まってくる。ゴイサギの目当てはパンではなく、このモツゴなのである。

　人がパンをまく、水面のパンに魚が集まって、その魚を狙って鳥が集まる。するとその鳥を見ようとまた人がやってくる。それだけのことなのだが、つなぎあわせると、人間も池の生態系の一員であるかのように思えてくる。

かつて、徳川夢声さんたちのユーモアクラブが、不忍池にカエルの大合唱を復活させようと、霞ヶ浦から大量のカエルを運んで放したことがある。ところが、カエルの合唱が聴けたのはほんの数日間だけであった。なぜなら、カエルたちは、あっという間に集まってきたサギたちに食べつくされてしまったからである。

人はとかく、自分たちだけは自然の外にいると思いがちだ。しかし、それは大きな錯覚、人間も自然の和の一点でしかなく、すべて人間の思い通りにいくとは限らない。

上野でサギのなかまをもっとも身近に観察できるのは、不忍池とともにペンギン池だった。アシカ池とペンギン池の周辺樹木にアオサギ、ダイサギ、コサギ、

パンに寄ってくるモツゴを採ったゴイサギ

コサギ

ゴイサギの4種が羽を休め、餌の時間になるとアシカやペンギンに与えるアジを狙って池に舞い降りてきた。

鳥はやはり、大空を飛ぶ姿が美しい。もしその飛翔を篭《かご》の中で見てもらうとしたら、東京ドーム級の篭が必要となる。建設費は何十億円もかかるだろう。そう簡単に造れる話ではないから、今のところペンギン池の上空で青空を背景に優雅に飛ぶサギたちの姿が、至近距離での鳥の飛翔展示ということになるだろう。

体型がペンギンに似ているゴイサギがアジを掠《かす》め捕って飛び立つと、「あ、ペンギンが飛んだ！」と驚きの反応をする子どもがいる。数匹のアジを盗みにくるサギたちの行為は、その見事な飛翔ぶりに免じて大目に見ることにしている。詐欺《さぎ》のような話ではあるが……。

コサギ

ところで、飼育係の餌バケツから直接アジを失敬する大胆なコサギも現れた。サギたちはペンギンがアジを嘴《くちばし》にくわえる前にごちそうを確保しなければならないから、嘴にくわえるとあわてて飲み込むのだ。

あるときアジが大きすぎて飲み込めず、吐き出すこともできずに窒息したコサギがいた。このコサギの死体を観察していて、足指の第三趾の爪に櫛《くし》が付いていることに気がついた（次ページ写真参照）。

サギたちはよくペンギンとアシカの池の間にあるムクの大木に止まって休んでいた。背から腰にかけて蓑羽の生えそろった真っ白な白鷺が休んでいるところは、日本画のような風情がある。

ちなみに、シラサギとは白いサギの総称である。不忍池ではダイサギ、チュウサギ、コサギの3種の代表的なシラサギが観察されている。

休んでいるサギたちは、羽づくろいをしたり、さかんに

頭や喉を掻いたりする。羽や体を掻くのに使うのは第三趾だけである。第三趾は人間でいえば中指にあたるいちばん長い足指で、先についている爪のカーブの内側が櫛《くし》になっている。体を掻いていたコサギもゴイサギも、まさに爪の内側を体にあてて、櫛爪を使って羽づくろいをしていた。

不忍池の植物といえば第一にハス、そして数か所あるアシ原である。アシは水中の窒素やリンを吸収してくれ、長い茎の表面で生きている微生物が水の浄化を促進する。だからハスとアシに覆われたハス池が、ボート池や動物園池に比べ水質はいちばん良い。

アシは水鳥たちの休憩場所であり、隠れ家でもあり、営巣場所も提供している。バンもアシ原の縁で営巣し、黄色で縁どられた赤い額が目印になる。産卵したころは確認しやすかったバンの巣も、雛が孵《かえ》るころには伸びたアシの葉で隠され、わかりにくくなる。

井の頭池では、岸のすぐ脇の小島でバンが繁殖していた。

バンの親子

天気のよい朝は、吉祥寺の一つ手前、井の頭公園駅で電車を降り、池沿いに公園を散策し、バンやカイツブリの巣の様子を見ながら、御殿山にある事務所に出勤したものである。

バンの雛は黒い毛玉のようで、嘴のつけ根と頭のてっぺんが赤く、眼のまわりは藍色、嘴の先は象牙色である。孵化すると巣を離れて親について餌の採り方を教わるが、夜は巣にもどって親の羽の下で休む。大きくなるにつれ、全員が羽の中に潜り込めなくなり、頭をはみ出して寝ている。

子育て中のバンの親子に、オリーブ色の若鳥がついて雛に餌を与えていることがある。この子育てを手伝う若鳥のことをヘルパーというが、鳥やサルのなかまで観察され、いずれ親になった際の練習をしているといわれる。

バンのヘルパー

バンの足指は体のわりに長く、この足指でハスの葉の上などを歩くことができる。足指の縁の短いひだが、吸盤状になり、ハスの葉の上でも滑らずに歩けるのだ。冬に不忍池に飛来するオオバンの足指は、ひだがもっと伸びて大きくなり、水かきと同じ役目をしている。

バンの実物大「足拓」。足裏の縁が吸盤の役割をする

今は冬鳥として当たり前に見られるカモメのなかまは、不忍池では新参者である。昭和の終わり頃から目立つようになった。とくに大晦日《おおみそか》から正月にかけてユリカモメが群れでくるようになり、年ごとに大群になっていった。

平安の歌人、在原業平《ありわらのなりひら》が「名にし負はば、いざこと問はむ都鳥《みやこどり》　わが思ふ人はありやなしやと」と詠んだ都鳥とはユリカモメのことである。

ユリカモメは東京湾や隅田川で昔から見られ「東京都の鳥」にも指定されている。歌にも詠まれた白い鳥は、優雅な姿とは裏腹になんでも食べる悪食《あくじき》鳥である。

不忍池にユリカモメが侵出したのには訳がある。良好な餌場であり、年中無休だった東京湾のゴミ処分場が年末年始には閉鎖されるようになったからである。かつて東京湾の一部だった不忍池は、鳥にとってはすぐ隣の水辺で、上空に上がれば視野に入るにちがいない。上空からおいしそうなパンくずに群がるカモの群れを見つけたのであろう。

ユリカモメ・夏羽

嘴と足が鮮やかな赤い色をしているのは成鳥で、まだ真っ赤にならずにオレンジ色なのは幼鳥である。

春の終る頃、頭の黒いカモメが目につく。これはカムチャッカ半島などの繁殖地へ帰る前に夏羽に変わったユリカモメである。

ユリカモメが呼び水になったのか、もっと大きなカモメも不忍池に現れるようになった。肉食性の強いオオセグロカモメは、カワウが油断していると卵や雛をも襲う。そのほかセグロカモメ、シロカモメ、たんに種名がカモメと呼ばれるカモメも観察されている。

カモメのなかまは海の鳥である。ねぐらは東京湾にあり、毎朝、不忍池に群れでやってくる。午後3時を過ぎると池の上空で、渦《うず》を巻くように上昇するユリカモメの群れを観察できる。上空で編隊を整えると東京湾の方向に帰っていくので、夕方から夜の不忍池は、ほとんどのカモメは姿を消す。

オオセグロカモメ

コアジサシ

夜も池周辺にとどまっているカモメはウミネコである。「ミャーミャー」とネコのように鳴くからこの名がついた。20年前に動物園で殖えたウミネコを放したところ、一部が定着してしまった。カモメ類は長生きで、足環を付けて放した個体が今も生存している。足環のないのは放したウミネコに誘われてすみついた野生の個体である。

カモメ類が冬鳥であるのに対し、同じなかまのコアジサシは夏鳥で、台風の接近で海が荒れたときなど、よく不忍池に避難してくる。

コアジサシは水面上で、羽ばたきながら空中に静止するホバリング飛行をして、魚を見つけると飛び込む。実際には魚を嘴で挟んで捕るのだが、遠目に見ていると、魚を串刺しにしているようにも見えるので、「鯵刺」の名がついた。

ウミネコのペア鳴き

不忍池にいる黒い鳥はカワウであるが、カワウに誘われてウミウも羽を休めていたことがある。長良川の鵜飼いのウはカワウではなくウミウである。ウミウの方が少し大型で大きな魚を採るということで、わざわざ茨城県の海岸の岸壁で捕獲し、長良川に送られているのである。

ウミウはカワウの茶色い光沢に比べ、羽の光沢が緑色に輝くので区別できる。野生のウミウが、飼われているカワウの群れに入ったとき、簡単に見分ける方法を発見した。

カワウは止まり木用に倒してある木に止まって休んでいる。ところが、海岸の岸壁や岩礁で暮らすウミウは、コンクリートの床にいて、絶対に木には止まろうとしない。もし、2種のウが混ざっていたなら、休んでいる場所ですぐに識別できるだろう。

東京湾岸に数ヵ所あったカワウの繁殖地が消滅しかけていたとき、不忍池はその避難場所として機能してきた。近年、ふたたび東京湾岸でもカワウの繁殖がよみがえり、多

摩川などでは河川の上流まで採食に行くようになった。しかしアユなどの放流魚に被害が出るということで、内水面漁業協同組合からは害鳥扱いされている。

不忍池のカワウは千羽以上に増えた時代がある。当時はカワウの保護に力を入れていて、ハクチョウやガンなど放していた水鳥の飼育も中止した。その結果、カワウはどんどん増え、東京湾で江戸前のコハダやハゼをたらふく食べたあと、不忍池に戻ってくる。一日のほとんどを安全な不忍池で過ごすから、大量の糞を池に落とす。毎日、東京湾から大量の窒素、リン酸、カリという良好な肥料を運んでくるのだ。

そのためにハスが大繁茂するようになり、不忍池はウとハスだけが目立つ池になってしまったのである。

カワウに占領された不忍池の島

不忍池畔を散歩するシジュウカラガン

一部の生物だけが繁栄する単純な環境というのは、本当は危機的な状態にあるといえよう。近年、叫ばれているように、不忍池も生物多様性を失いつつあったのである。

そこで、カワウの糞によって禿《は》げ島となってしまった小島にオオワシを放してみたところ、カワウは近づけなくなり、一気に緑が回復して緑の島によみがえった。

江戸時代の川柳に、「白鳥の鳴いてさびれる根津の里」という一句があり、不忍池にはハクチョウも飛来していたことがうかがえる。それもあって、新潟県の瓢湖《ひょうこ》で保護されたコハクチョウとオオハクチョウも放してみた。今ではハクチョウたちは逆立ち泳ぎをしながら水底のレンコンを食べ、ハスの繁茂を抑えてくれている。

また昭和の初期まで不忍池や皇居のお堀に渡ってきていたオオヒシクイ、マガン、シジュウカラガンなど、ガンのなかまたちも放された。森鴎外の小説『雁』には不忍池で石を投げたら雁に当たったというくだりがあり、ガンは明

氷上のオナガガモ（中央）とユリカモメ

治時代まで不忍池で羽を休めていたようだ。

この半世紀ほどの間、不忍池で何回か野生のオオヒシクイが越冬したことがある。いずれも寒波のときで東北や北陸の越冬地が雪で埋もれたときだった。

平成13年1月17日、珍しく不忍池に氷が張り、オナガガモやユリカモメが氷の上で休んでいた。このところ不忍池に氷が張るのは一年に一回あるかないかである。半世紀以上前の昭和30年代までは全面が結氷し、氷の上を歩け、昭和20年代まではスケートもできたそうである。現在の凍らない不忍池を見るにつけ、地球の気候変動、とくに温暖化傾向を実感させられる。

花のお江戸には、冬鳥としてツルやガンも飛来していた。安藤広重の『名所江戸百景』にも二羽のタンチョウが描か

オオヒシクイ

ハスにおおわれた不忍池

れ、鉤《かぎ》になり竿になって飛ぶ雁行も冬の風物詩で、江戸湾や周辺の湿地、不忍池にガンも飛来していたことだろう。

かつての不忍池界隈《かいわい》には雁鍋屋があったし、「がんもどき」はガンの肉に似せた精進料理で、ガンは日常的に食べるほど普通の鳥だったはずである。なんとか不忍池を、昔のような生物多様性に富んだ環境に戻したいものである。

安藤広重の『名所江戸百景』蓑輪金杉三河島

写真：アフロ

矢ガモ事件

平成5年1月、上野の不忍池に背中に矢を射られたカモが飛来した。矢ガモ事件として世間の注目のまとになったあのメスのオナガガモのことだ。

私がこの事件を知ったのはコウノトリ増殖会議で滞在していた神戸市のホテルで読んだ朝刊である。矢ガモが石神井川で発見され大騒ぎになっているという記事だった。ふと、不忍池でなくてよかったと出張先で思ったものである。

ところが、出張から帰ると矢ガモが不忍池に現れ、マスコミが押し寄せ、動物園も対応を迫られていた。目立つ矢の標識から、いろんなことが判った。オナガガモは不忍池と石神井川の間をいとも簡単に行き来していた。冬の間、不忍池にはたくさんのオナガガモが羽を休め、餌を採るが、必ずしも定着しているわけではなく、あちらこちらの水辺を利用しているらしい。

上野動物園が捕獲に熱心ではないという報道もなされた。マスコミや野次馬が集まってくれば、捕獲できるものもできなくなる。

そこで閉園後、暗くなってからマスコミに気づかれないように、そっと仕掛けを設置した。その設置場所は、これも秘かに作っておいた「矢ガモ休息地マップ」でいちばん多く確認マークが付いていた池畔である。

私は係長だったので、みんなが動物の世話に忙しい午前中の見張りを引き受けていた。2月12日の朝、池の岸辺の建物内に設置しておいた望遠鏡が、仕掛けの下で休んでいる矢ガモをとらえていた。

そこで私は建物を抜け出ると、足を忍ばせてゆっくりと矢ガモの仕掛けを吊っているテグスに近づいた。そして、うとうとしている矢ガモが目を閉じた瞬間、テグスを切ったのだった。

「足拓《あしたく》」コレクション

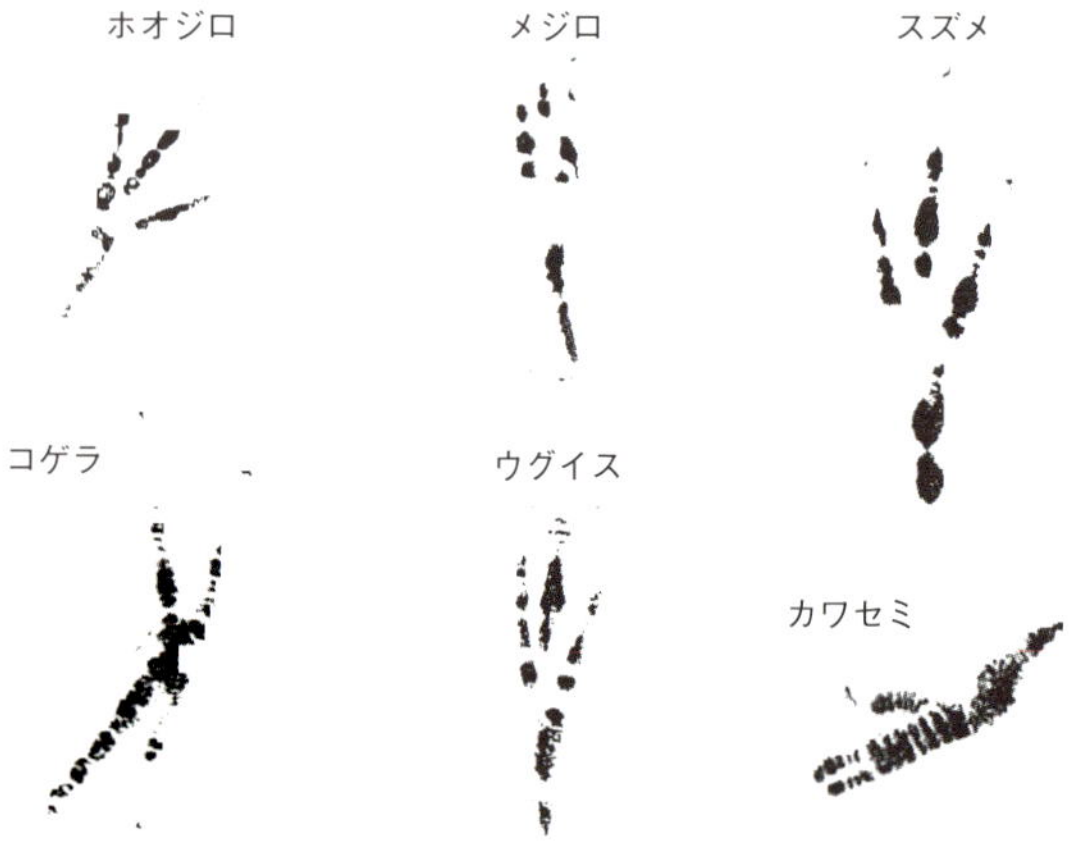

私が現場の飼育係をしていたのは、多摩動物公園に就職した昭和47年から61年の14年間だけである。その後、係長になってからは、動物の世話をすることはなくなった。直接動物に接することができなくなると、なんだか物足りない。そこで動物と直接関わろうと思いついたのが、魚拓ならぬ「足拓」の収集である。

飼われている鳥類は、捕まえる機会や、死んだ個体の解剖などに駆けつけ立ち会いながら足拓を採るのである。また、バンディング調査に付いていき、捕獲して標識をつけて計測などが終わってから足拓を採らせてもらった。

小さな鳥は判子用のスタンプで、大きな鳥は足裏に墨を塗って足拓を採った。バンディングした小鳥は、足に墨を塗り、紙の上に置いたトンネルを歩かせて足型を付け、抜け出たら放つというわけである。

一つのことに執着していると、いろんなことが見えてくる。バードウォッチングをしていても、つい泥や雪の上に付いた足跡に目がとまる。カモ類をはじめサギ類、チドリやシギ類、キジ類、セキレイ、ハト、カラス、スズメなどだいたいの種類は判るようになった。

今では私の足型・足跡コレクションは鳥類約５００種、哺乳類約２４０種、それに爬虫類や両生類を合わせて７５０種以上になっている。

ヨタカ

ムクドリ

セグロセキレイ

メダイチドリ

最近、このコレクションが思わぬところで役立つ出来事があった。平成22年3月10日、佐渡で放鳥に向けて訓練をしていたトキの順化ケージに獣が侵入し、九羽が殺された。その謎の獣を特定するため、環境省から雪の上についた足跡に物差しを添えて大きさが判る画像が私のもとに送られてきた。

一見、テンであると判ったが、念のため可能性のあるテン、イタチ、タヌキの「足拓」を取り出して照合してみた。ぴたり一致！　テンに相違なしと鑑定し、その足拓（左）の画像を環境省に送付した。

その後すぐに、専門家により「トキを襲った犯人はテンと判明」とマスコミ報道がなされたのだった。まさかトキ殺害の下手人捜しに、私の足拓コレクションが役立つとは思わなかった……。

ここに収録した鳥の足拓はすべて実物大である。ひょっとしたら、何かの役に立つかもしれない。

テンの前足
（実物大）

フクロウ（左）とコノハズク（右）：フクロウのなかまは第2趾と第3趾が前、第1趾と第4趾が後ろを向いている

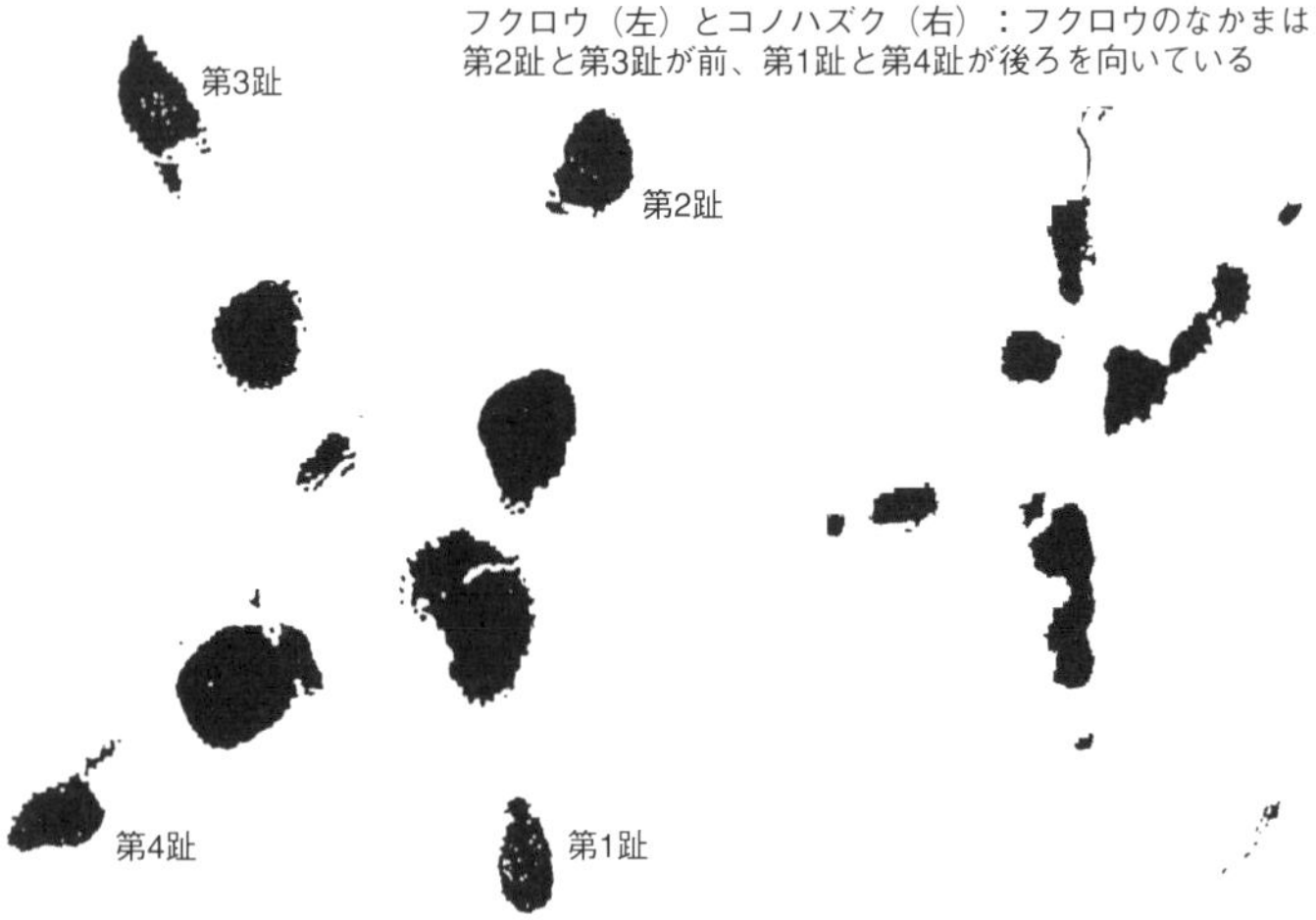

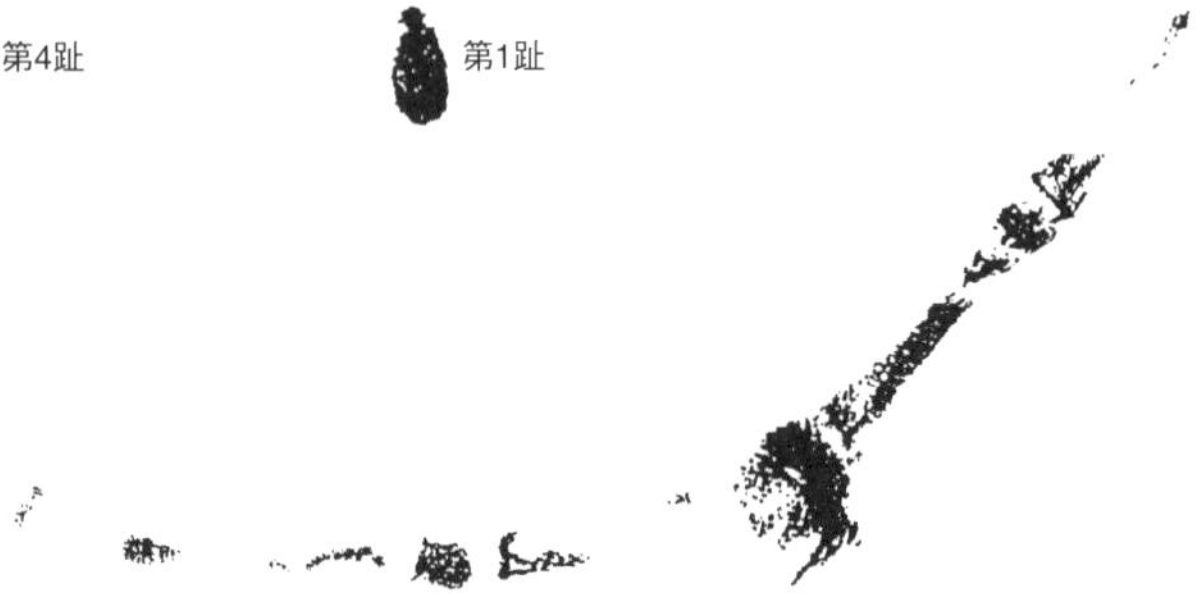

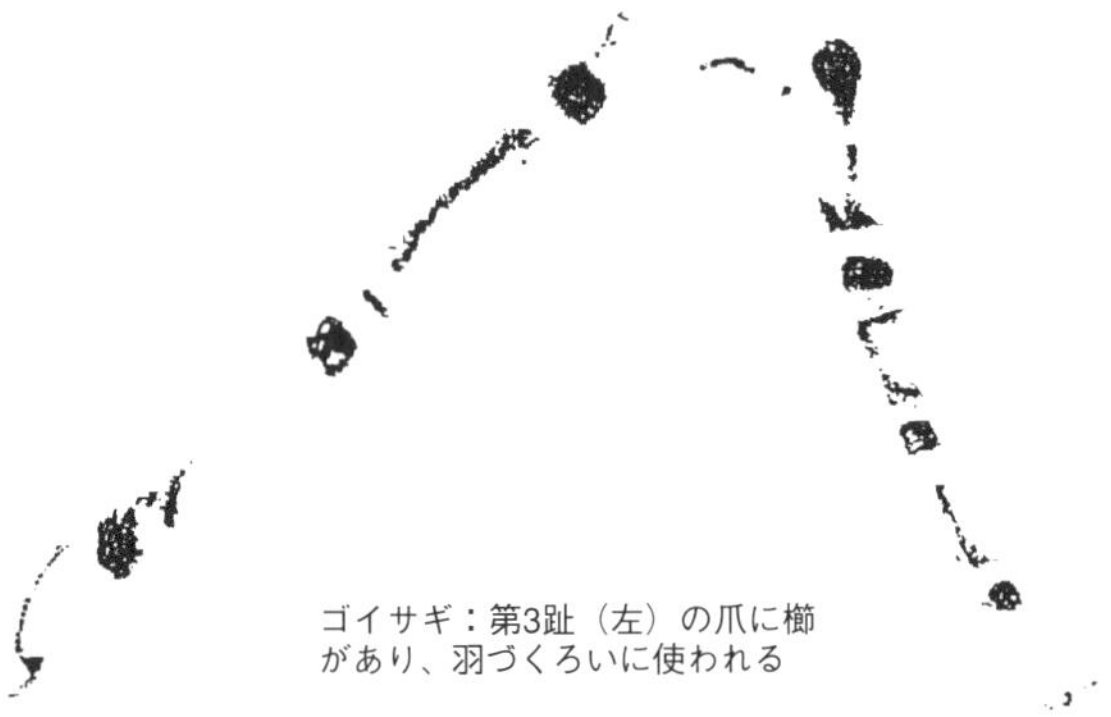

ゴイサギ：第3趾（左）の爪に櫛があり、羽づくろいに使われる

カイツブリ：
弁足が発達し
水かきになる

ハシブトガラス：太くがっしりした趾ををしている

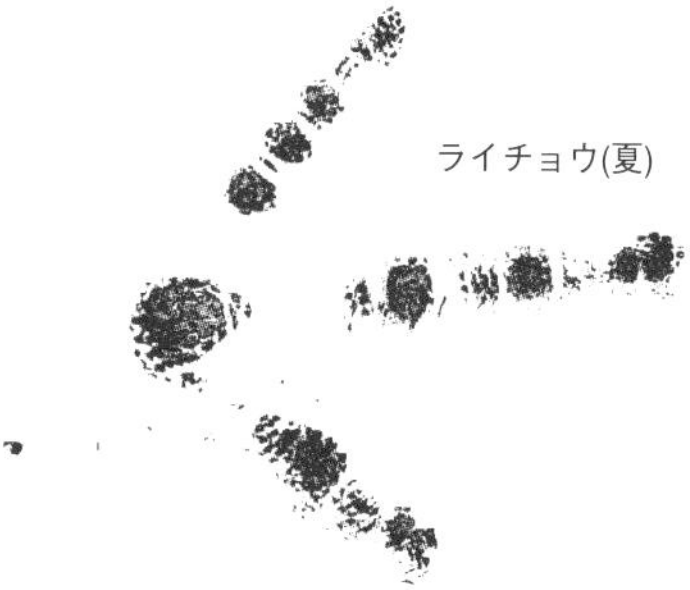

ライチョウ(夏)

キジバト：公園などでよく目にするハトのなかま

ライチョウ(冬)：
寒くなると足全体
に防寒と滑り止め
の羽毛が生える

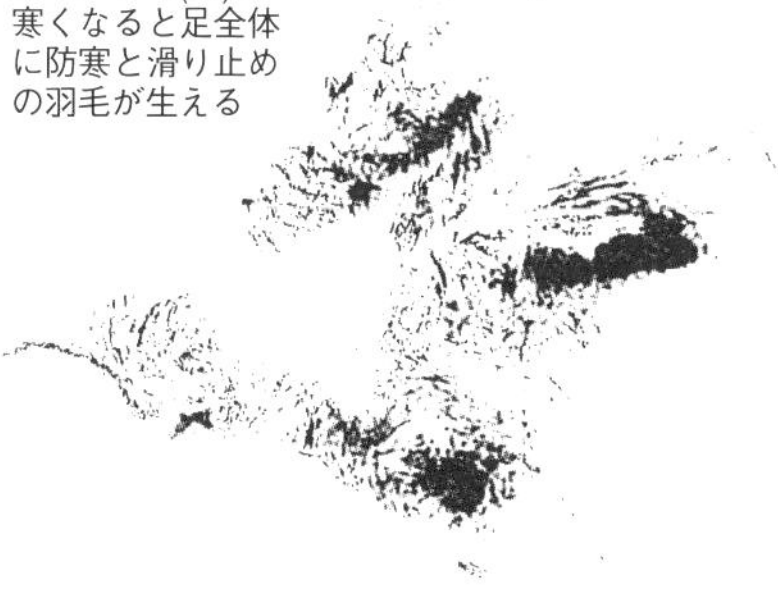

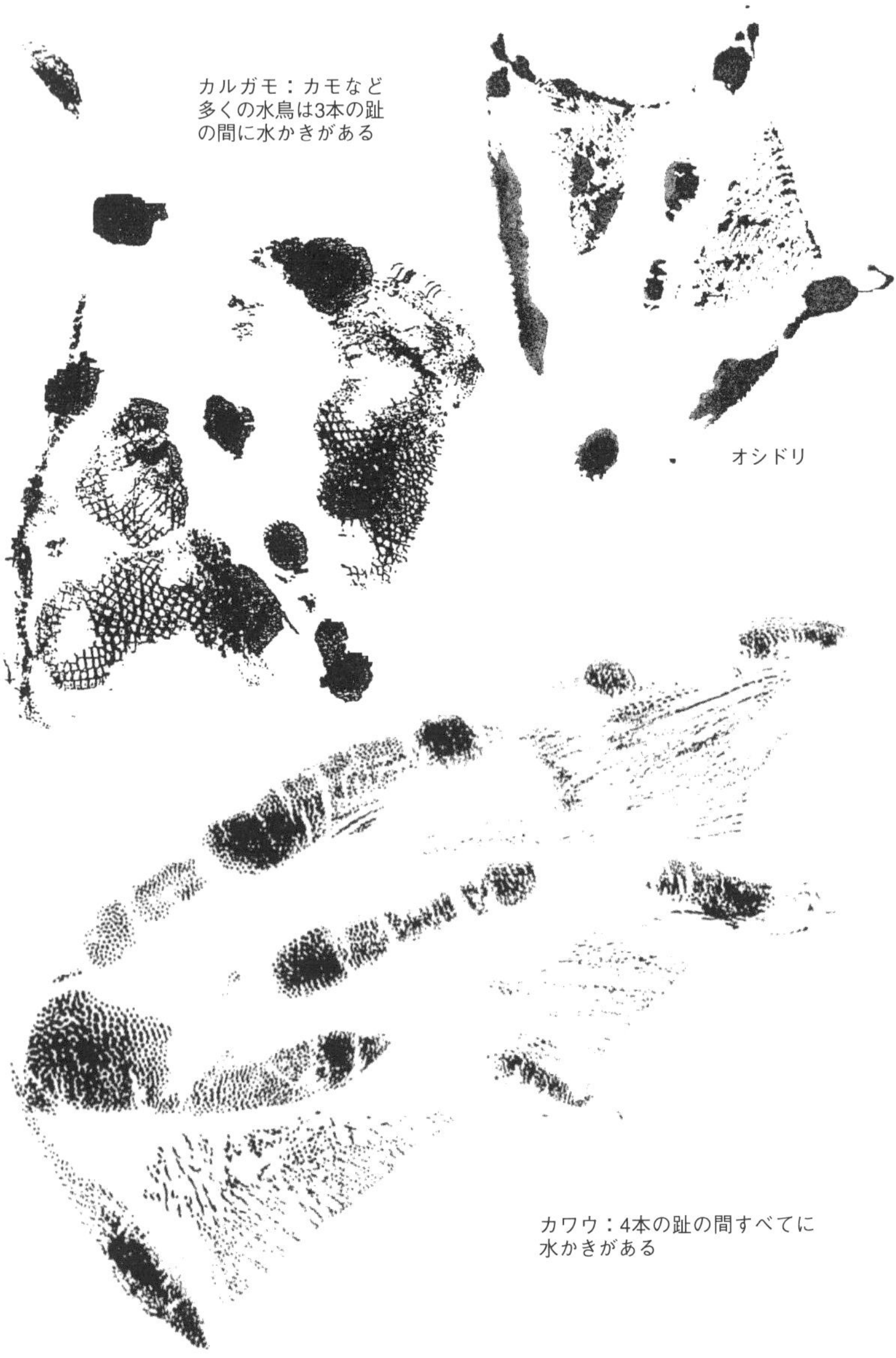
カルガモ：カモなど多くの水鳥は3本の趾の間に水かきがある
オシドリ
カワウ：4本の趾の間すべてに水かきがある

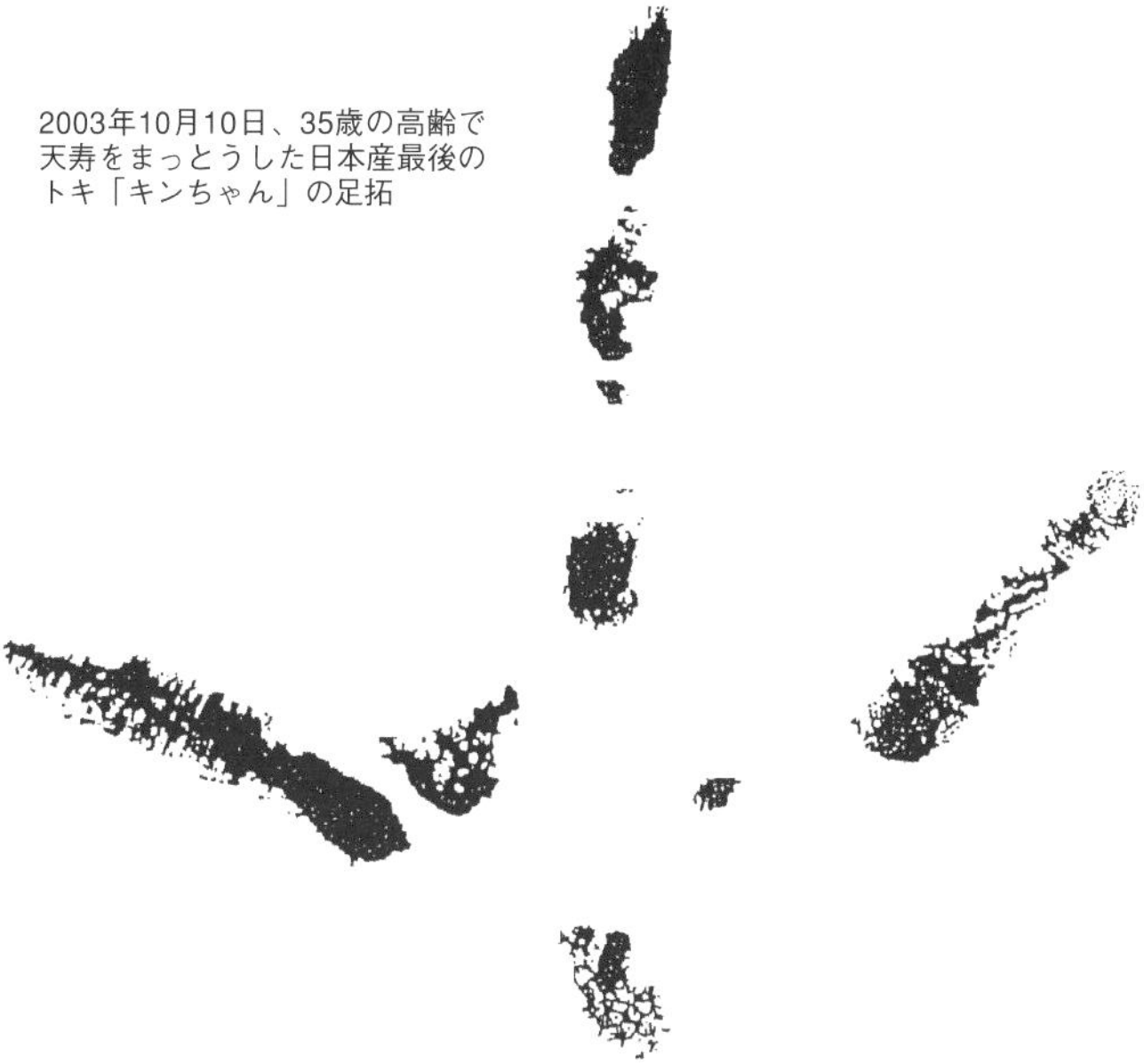

2003年10月10日、35歳の高齢で天寿をまっとうした日本産最後のトキ「キンちゃん」の足拓

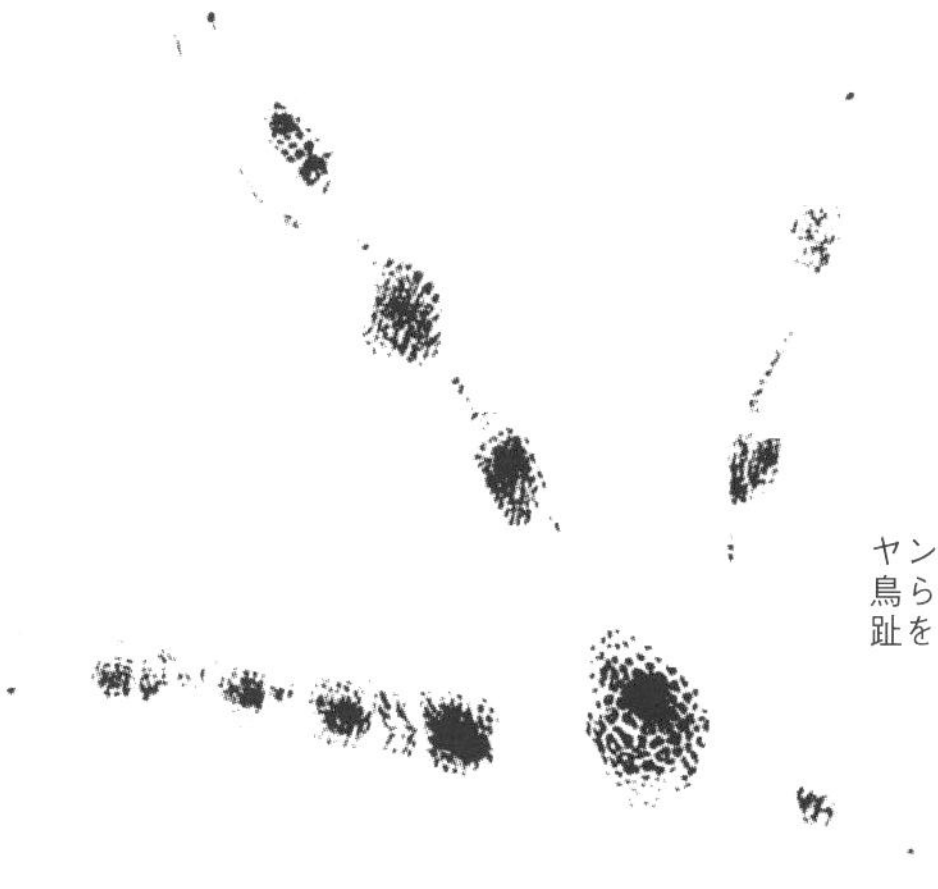

ヤンバルクイナ：飛ばない鳥らしく、立派で太く長い趾をもつ（沖縄県国頭村）

鳥名人4　シジュウカラの飼育は難しい

故・白坂康郎さんは、都庁の衛生や畜産関係の部局で獣医師として働いておられた。白坂さんにとってバンダーとすり餌で野鳥を飼うことは趣味の世界であった。やがて強い希望が叶って、上野動物園に転勤となった。

初めのうちは動物園全体の動物の餌を調達する係りであったが、いつしか願い叶って「和鳥舎」と呼ばれている日本の野鳥コーナーを担当にすることとなった。こうなると、趣味ではなく、仕事として野鳥を飼い、展示や繁殖研究のための捕獲もできるようになる。

上野動物園には大木も多く、大都会の真ん中にありながら緑豊かである。だから、水辺の鳥だけでなく山や里の小鳥もけっこう観察することができる。メジロ、シジュウカラ、ヒヨドリ、コゲラ、オナガ、キジバトなどは一年じゅう見ることができる。

シジュウカラは園内でも繁殖していて馴染みの小鳥だが、飼育下での繁殖成功例は聞いたことがなかった。孵化はするのだが、雛がなかなか育たないのである。なぜなら、シジュウカラの親はすり餌を雛に運ばないからだ。

巣立ちの雛

親鳥（左）と２羽の雛

雛に運び与える餌としては、生きている虫やクモしか認識しないらしく、人工飼料の動かないすり餌は、自分は食べるのに雛には運ばないのだ。

雛が孵ると、白坂さんは捕虫網を持って不忍池周辺や園内の植え込みなどを歩き回り、小さな虫やクモを集めるのが日課になった。そのうち、親も好んで食べ、雛によく運ぶ餌としてはクモが一番で、次にチョウやガとその幼虫のイモムシ、ケムシが好物であることを突き止めた。バッタやコオロギはあまり好まないようだった。

さらに、雛が孵る前には、ミールワームという甲虫の幼虫を大量に殖やしてストックした。雛には脱皮したての白い柔らかいミールワームを与えないと、消化不良を起こして失敗する。よって脱皮したてのミールワームを用意するには、大量のミールワームを維持していなければならない。

この普通の鳥シジュウカラの飼育下での繁殖に、白坂名人は夢中になった。そして三年もの試行錯誤の末に、やっと二羽だけだが、その執念が実を結び、雛を育て上げ、巣立たせたのである。

青い鳥の印象が強いカワセミだが、前から見ると明らかにオレンジ色の鳥である

4章 いろ鳥どり帖

40年以上の鳥あそび歴で、初めて出会ったり、思わぬ場所で出くわして、まず目に焼きつくのは色だった。七色の虹に例えて「赤」から「紫」に分類してみよう

イソヒヨドリ♂

アカショウビン

コルリ♂

アカヒゲ♂

ヤマガラ

ノビタキ♀

タゲリ

ニホンキジ♂

ウソ♂

バン

カエルをくわえたアカショウビン

赤

赤い鳥といえばアカショウビン。初めて遭えたのは昭和52年の高尾山である。渓流沿いの6号路で一息ついているとき、頭の上の梢《こずえ》から「キョロロロロ」というさえずりが聞こえてきた。梢を見上げ、双眼鏡で探すと、あこがれの赤い鳥の濃いオレンジ色のお腹、紅色の嘴《くちばし》が見えた。

その後、はっきりとアカショウビンを観察したのは、ある山塊の渓流沿いである。5月ごろ盛んに鳴いていたが、6月に入ると鳴き声は聞こえなくなった。いなくなったかと残念な気持ちで、7月に再び訪ねた渓流で、カエルを嘴にくわえた姿に出くわした。

アカショウビンが盛んに「キョロロロロ」と鳴くのは縄張りを作り、求愛をする時期だったのだ。卵を産み抱卵に入り、雛に餌を運んでいるときは、大きな声は出さない。そのほうが天敵や人間に見つからず、安心して子育てができるからだろう。雛に餌を運んできたときは、巣のそばの枝で小さな声で「キョロ」と合図をしてから巣に入る。

ユリカモメ・冬羽

ヤンバルクイナ

エトピリカ

ツクシガモ♂

アカショウビンは全身が赤いわけではない。腰には瑠璃《るり》色の羽があり、腹部はオレンジ色に近い。光線の当たりぐあいで、翼の羽は紫色の光沢を帯びて見える。

赤という色は、たとえ一部分でもインパクトがある。嘴が鮮明に赤い鳥というのは、脚も赤いことが多い。

沖縄の県道脇で出会ったヤンバルクイナ、不忍池のユリカモメ、博多今津湾のツクシガモ、北海道の霧多布《きりたっぷ》岬で見たエトピリカ、相模湖のブッポウソウもそうである。

ノゴマはオスの赤い胸の印から北海道では「日の丸」と呼ばれている。草原で胸を張ってさえずるとき、ひときわ日の丸が映える。

ブッポウソウ

ノゴマ♂

H.Sugita

ギンザンマシコ♂

ベニマシコ♂

　ニホンザルの顔とお尻が赤いことはよく知られている。漢字で「猿子」と書く鳥がいることをご存じだろうか。オスの羽が赤い小鳥で「マシコ」と読む。日本ではノゴマと同じ北国の草原で紅猿子《べにましこ》、大雪山など北海道の高山で大型の銀山猿子《ぎんざんましこ》が繁殖している。赤がいちばん強い冬鳥の大猿子《おおましこ》には、軽井沢探鳥会で会うことができた。

　ウソのオスの頬もピンクがかった紅色で、標高の高い富士山の水場で、水浴びをする姿を見ることができる。富士山でも標高の低い別荘地の水場には、冬になると山を下ったウソたちが水を飲みにきていた。なかには体全体が赤みを帯びたアカウソが混じっていることもある。アカウソは富士山生まれではなく、遠い繁殖地のシベリアや千島からの冬の渡り鳥だ。

　アカモズにも、富士山のまだ樹木が伸びきっていない明るい植林地で出会った。アカモズは背中側から見ると、赤というよりはレンガ色というほうがふさわしい。しかし、前から見るとシロモズといったほうが似合うほど白っぽい鳥に見える。繁殖期のモズの頭の羽もアカモズほ

ウソ♂

オオマシコ♂

ヤマドリ♂

アカウソ♂

キジ♂

アカモズ♂／♀

H.Sugita

どではないがレンガ色に見えないことはない。

ヤマドリは、英名でコッパーフェザントと呼ばれているように赤銅色のキジである。オスは陽の当たりぐあいによっては、体全体が赤く見える。そのヤマドリで最も赤い部分は、オスの顔にある裸出部である。キジのオスも同様で、ともに繁殖期には顔の赤が映える。

カラスバトはカラスのような黒いハトという意味で、全身が黒い羽に覆われている。光線の当たりぐあいにより緑色や紫色の光沢に輝く。小笠原諸島にすむアカガシラカラスバトは、とくに頭の光沢がワインレッドに輝いて見えることがある。母島の森で出会ったが、人を恐れず、こちらがじっとしていると、足元までトコトコと歩いてきた。世界中で小笠原諸島だけにしかいないトキより数の少ないハトである。

アカガシラカラスバト

ほんのわずかであるが、皮膚の裸出部が赤く、その赤こそ強いインパクトのある鳥がいる。ライチョウのオスは目の上の鶏冠状の真っ赤な皮膚を精いっぱい広げてディスプレーをし、威嚇する。春、雪の立山では、景色もライチョウも真っ白、白一色の世界で赤いオスの鶏冠は、存在感を見せつける目印だ。メスのライチョウもこの真っ赤な目印に魅かれるにちがいない。

タンチョウやコウノトリ、トキは、ライチョウとともに特別天然記念物として保護されてきた。実は四種そろって繁殖期にいっそう目立つ、赤い裸出部を持っている。

丹頂の「丹」は朱色、「頂」は頭のてっぺんを意味し、全身の白と黒の羽色に比べれば、ほんのわずかでしかない頭の赤い皮膚、すなわち「赤いはげ頭」がタンチョウという名の由来なのである。ちなみに日本で記録されたツル7種のうちアネハヅル以外は、マナヅルなどみな顔から頭に赤い禿げがある。

トキが朱鷺色に見えるのは、秋の終わりから冬の初めの4カ月ほどでしかない。2月になり繁殖期を迎えると

喉から出る黒い色素を嘴で羽に塗り付け、羽は灰色に代わる。ただ、翼の裏側はあまり色素を付けないので、飛んでいるトキを下から観察すると朱鷺色に見える。

トキも繁殖期を迎えると、顔の赤い皮膚がいっそう濃い赤になり、赤い足とともに引き立ってくる。トキは目の虹彩の色で雌雄判別ができる。赤みの強いオレンジ色の虹彩ならオス、メスはやや黄色がかったオレンジ色である。

コウノトリは、羽色の白と黒のパターンがタンチョウに似ているから、鶴と呼んでいた地方もあった。昔の屏風などに松上の鶴としてタンチョウが描かれているが、タンチョウは木には止まらない。松の大木に巣をかけたのはコウノトリであり、鶴と「鴻」は昔から混同されてきた。

コウノトリは鳴かない鳥であり、体を反らせて嘴を「カタカタカタ」と打ち鳴らして、求愛のディスプレーをする。ディスプレーのとき、目のまわりと喉の裸出した真っ赤な皮膚は相手を刺激するに違いない。

アオゲラ

クマゲラ♂

キツツキのなかまは頭に目印のように赤い羽が生えている。クマゲラ、アオゲラ、ヤマゲラ、オオアカゲラ、アカゲラ、コアカゲラ、コゲラとみんな頭に赤い羽を持っている。沖縄のノグチゲラの頭も、あずき色に近い赤である。唯一、頭の赤くないキツツキは北海道のミユビゲラで、頭には黄色い羽が生えている。

ノグチゲラ

コノハズクは日本でいちばん小さいフクロウである。夏鳥で、深山の森に繁殖し、「仏、法、僧」と聞きなされ

コノハズク（柿木菟）

キョウジョシギ

アカゲラ

る鳴き声で知られている。実際の声は「ブッキョッコー」とか「カッキトー」などと聞こえる。

ふつうのコノハズクの羽色は焦《こ》げ茶色であるが、赤色型といって赤い羽のものがいる。実際は赤というより柿のような錆《さび》色で、柿木菟《カキズク》と呼ばれている。

シギやチドリのなかまの多くは、渡りの途中で日本に立ち寄る旅鳥である。

繁殖地ではかなり派手な羽色になる種類もいるようだが、日本を通過するときは地味な茶系統のものが多い。例外はキョウジョシギで、翼から背にかけてレンガ色の派手な羽を持ち、足も鮮やかな赤である。ちなみにキョウジョシギを漢字で表わすと「京女鴫」となる。昔の人は生き物にも粋な名前をつけたものだ。

ところで、鳥たちは人間と同じように色を識別できるのだろうか。繁殖期や威嚇のとき、赤が冴《さ》える鳥たちを見ていると、彼らも人間と同じように赤い色は赤く見えるに違いないと思いたい。

ジョウビタキ♂

カワセミ♀

ノビタキ♂

橙

橙色、すなわちオレンジ色の鳥として、すぐに思い浮かぶのはカワセミだ。

カワセミは「翡翠」と書くように、色で表わせば、微妙な光沢のある緑を帯びた青い羽に結び付くのが普通であろう。しかし、川岸の枝などに止まっているカワセミに気づく最初の色は、胸からお腹にかけてのオレンジ色なのだ。

同じように胸から腹、腰にかけてオレンジ色の映えるのは、冬鳥として我が家にも現れるジョウビタキのオスである。メスは尾羽に少しオレンジ色があるが、全体には地味な羽色である。

ノビタキのオスの胸にもオレンジ色のマークがある。草原でコバイケイソウなどのてっぺんでさえずるとき、オレンジ色の前掛けがよく目立ち、全体にやや鈍いオレンジ色のメスにアピールしている。

オスも秋になると全体にオレンジ色になるが、これは羽が生え換わる換羽《かんう》ではなく、先端がすり減って色だけ変化するらしい。

うす暗い森で見るコマドリは、茶色い鳥に見える。ところが陽のあたる枝に出てさえずるオスは、鮮やかなオレンジ色の鳥に変身する。

「ヒンカラカラカラ」とさえずるオレンジ色のコマドリをはっきり見たのは、長野県の入笠山《にゅうかさやま》の笹やぶに覆われた小さな渓流だった。コマドリは鳴き声が「ヒヒーン」という馬のいななきに通ずるところから「駒鳥」の名がついた。

コマドリは夏鳥であるが、沖縄など南西諸島にはコマドリによく似たオレンジ色の濃いアカヒゲが留鳥として生息している。

オスのアカヒゲは喉が黒く、腹部にも黒い羽が混じっているので、黒いひげをもつ赤い鳥ということからその名が付いた。

ムクドリ

アカハラ♀

コシアカツバメ
M.Irie

名前にアカとつく鳥の色は、実際にはオレンジ色やレンガ色のものが多い。アカハラやアカコッコの腹部の羽は、赤というよりはオレンジ色に近い。

コシアカツバメの腰もオレンジ色だ。30年以上も前だったと記憶しているが、多摩動物公園に近い団地で、コシアカツバメが徳利型の巣を造って繁殖していた。最近では東京周辺では見かけなくなった。

身近な鳥では、ムクドリの嘴と足は鮮やかなオレンジ色だ。毎年、サクラの花が散るころピンクの絨毯の上で優雅に餌を探すムクドリに不忍池で遭遇する。

オレンジ色のカモ、アカツクシガモが東京湾の幕張干潟に4羽飛来したことがある。埋め立て途中の海辺でオレンジ色の姿を堪能した。30年ほど前のことであり、この地には現在、幕張メッセの高層ビルが建っている。

オスのオシドリには、イチョウ羽

アカツクシガモ

カリガネ

オシドリ

ハイイロガン

マガン

というオレンジ色の大きな目立つ羽がある。オシドリのオスは頬や脇の羽、足の色もオレンジ色だ。

オシドリは日本で繁殖するカモだから、夏でも姿を見ることがある。夏場のオスはメスと同じように地味な羽色になるが、嘴だけはメスのように黒くならず、ピンク色が残るのでオスとわかる。

ガンは茶や黒系統の地味な大型鳥であるが、種により嘴の色が異なる。

マガンの嘴はオレンジ色を帯び、カリガネとハイイロガンとハクガンは微妙に異なるピンク色の嘴をしている。ヒシクイはオレンジ色の帯のある黒い嘴で、シジュウカラガン、コクガン、サカツラガンの嘴は全体に黒い。

オオヒシクイ

ハクガン

M.Irie

サカツラガンは「酒面雁」と書き、頬羽の色がやや赤味を帯びたオレンジ色なので、この酔っ払いを意味する名がついた。ちなみに嘴がオレンジやピンク系統のガンは、足も鮮やかなオレンジ色やピンク色をしている。

アマサギは夏羽になると頭から喉、背の羽がオレンジ色になる。アマサギは「亜麻鷺」と書き、亜麻色のサギという意味である。ただし、冬になるとほとんど白っぽい冬羽になってしまう。足は全体が黒いので、足指の黄色いコサギとは区別できる。

日本では迷鳥だったヤツガシラも、オレンジ色の鳥に入れていいであろう。昭和57年に長野県で繁殖しているのが見つかり、見に行った。大きな毛虫をくわえて、フワフワと飛んで巣に運ぶ姿を観察することができた。最近、ヤツガシラの飛来記録が増えているが、これも温暖化の影響かもしれない。

オジロワシ♀

キビタキ♂

オオワシ

黄

初夏の森で「ピッコロロ・ピッコロロ」とか「ツクツクオーシ」などとバリエーションのあるさえずりでにぎやかなのがキビタキである。オスの喉から胸、そして眉線が鮮やかな黄色だ。姿を双眼鏡で捉えると、黄色い胸を張ってさえずっている姿が目に入る。元気のいい、いかにも栄養状態の良さそうなオスの黄色はオレンジ色を帯びる。

一部分だけ黄色が目立つ鳥もいる。オオワシの嘴はオジロワシより大きいことでも見分けられるが、成鳥なら肩の白い羽とともに、鮮やかな黄色い嘴が目印になる。オジロワシの嘴は成鳥になっても象牙色で鮮やかな黄色にはならない。

イカルも大きな黄色い嘴を持ち、「キーコーキー」と鳴き声のする方向に双眼鏡を向けると、まず黄色い嘴が目に入る。イカルの声は「月、日、星」と聞きなされるため「三光鳥」と呼ばれることもある。

イカル

クロガモ

マガモ

マガモのオスの嘴はやや緑色を帯びた黄色、メスはオレンジ色がベースで黒っぽい斑がある。カルガモは嘴の先だけが黄色く、海のカモであるクロガモのオスは全身黒いが嘴の上にあるこぶは鮮やかな黄色である。

オオハクチョウとコハクチョウでは、嘴の黄色い斑が大きいのが前者で、小さいのが後者というのが識別ポイントになっている。ちなみに外来種であるコブハクチョウの嘴は濃いオレンジ色で、額に黒いこぶがある。

日本の代表的なカモメのなかまも黄色い嘴だ。オオセグロカモメとセグロカモメは下嘴に赤い点のついた黄色い嘴、ウミネコは先に赤と黒の帯のある黄色い嘴である。この黄色地についている赤や黒の模様は、雛が親から餌をもらうときの大事な目印である。

夏鳥として日本で繁殖するコアジサシの嘴も黄色く、先だけが黒い。冬のコアジサシの嘴は黒いので、越冬地のオーストラリアなどで見つけてもコアジサシと気づかないかもしれない。

反対にダイサギやチュウサギは冬の嘴が黄色く、繁殖

コハクチョウ

オオハクチョウ

カルガモ

期の夏には黒くなる。

　ダイサギとチュウサギの足は黒く、コサギも黒いが足指は黄色いので識別できる。

　コサギが浅瀬で、足で水をかきまわして魚を追いだしている様は、粋な黄色い地下足袋を履いた魚とりの漁師さんのようである。

ハハジマメグロ

コチドリ

コチドリの目のリングは黄色、クロツラヘラサギの目は下側の黄色いアイシャドウはなかなか素敵だ。

小笠原諸島のハハジマメグロには、メジロと同じような白いアイリングがあり、そのまわりが三角形に黒いうえ、額や顔の縁の羽は黄色である。

キクイタダキは名前のように、頭に黄色い羽が生えている。メスは黄色だけだが、オスは黄色に赤が混じる。

カワラヒワの翼には黄色い斑がある。この黄色は風切羽の根元の色で、飛ぶと左右の翼に鮮やかな黄色い線が見える。

同じなかまで冬鳥のマヒワのオスは全身が黄色っぽく見え、メスはオリーブ色がかった羽である。

キセキレイも黄色いイメージの強い鳥である。低地から亜高山まで分布が広く、都会でもお目にかかることができる。電線などに止まっているのを下から見上げると、胸から下腹部まで黄色いことがわかる。繁殖期のオスは喉が黒くなるのに対し、メスは白っぽい。

ホオジロのなかまはみんな茶色い鳥という印象である

カワラヒワ

キクイタダキ♀

ミヤマホオジロ（上が♂下が♀）

マヒワ♂と♀

キセキレイ♂

が、アオジやノジコも喉から胸、腹に黄色い羽をもつ。

ミヤマホオジロのオスは、眉と喉の黄色が雪の上などで妙に映える。メスも同じ羽が象牙色で、オスメスそろってなかなかおしゃれなホオジロである。

黄色というか黄金色の羽の持ち主が、トラツグミだ。日本でいちばん大きなツグミ、トラツグミの一枚一枚の羽は黒く縁取られた黄金色なので、トラの縞模様になぞらえて「虎鶫」の名がついた。

山地で繁殖し、初夏から梅雨時のころ、夕方から夜、明け方にかけて「ヒー、ヒョー」と不気味な鳴き声でさえずる。市街地の公園などで鳴くこともあり、お化け騒動として話題になる。昔からトラツグミの鳴き声は、「鵺《ぬえ》」の声とされ妖怪扱いされてきた。

トラツグミ

熱帯地方では、全身が黄色い鳥もしばしば見受けられる。

台湾や中国南部で多く見られるのが全身黄色のコウライウグイスである。この鮮やかな色合いの鳥は、本来迷鳥《めいちょう》として飛来していたのだが、いつしか埼玉県の荒川沿いにある「秋が瀬公園」で繁殖した。

およそ日本風ではないこのコウライウグイスに巡りあうため、雨の降りしきるなかを探し回ったことがある。薄暗い雑木林の中で、樹間にぽっと浮き立った黄色い鳥は印象的であった。

温暖化のせいか、最近になってコウライウグイスの日本での記録も増えつつある。

アオシギ

アオバト

ズアカアオバト
H.Sugita

アオジ
M.Irie

緑

日本語では緑色を青と呼ぶことがよくある。アオバトもアオゲラも羽の色は緑色だが、ミドリバトとかミドリゲラとは命名されなかった。アオジはホオジロ類のなかまで、アオシギもタシギのなかまでは他に比べると緑色っぽい羽を持っているのでアオの名がつく。日本の鳥にはミドリが名前についている種類はいないのである。

山で聞くアオバトの声は「オーアオー、オーアオー」と寂しげである。名前の由来は声ではないかと思いたくなる鳴き声だ。オスのアオバトの翼には紫色の羽があり、メスは全体に緑色なので区別できる。アオバトは森林のハトであるが、初夏のころから秋にかけて海岸の岩礁に海水を飲みにくる。山のなかの鉱泉など塩分のある温泉の水も飲みに集まる。

南西諸島のズアカアオバトはオス、メスともに全体に緑色であり、名前のように頭の羽が赤いかというと、頭も緑だ。これは台湾にいる亜種の頭に赤味のある羽があり、先にズアカアオバトと命名されたための混乱である。

ウグイス

アオゲラ

メボソムシクイ♂

ヤマゲラ

アオゲラは緑色の大きなキツツキで、東京近郊の里山でも見られ、皇居での繁殖例もある。

北海道にいるヤマゲラも緑色のキツツキである。東京のバードウォッチャーにとって、ヤマゲラは北海道まで出向かなければ会えないキツツキだ。

しかし、世界地図の上で両種の分布を比較するとヤマゲラがユーラシア大陸に広く分布するのに対し、アオゲラは本州、四国、九州、屋久島にしかいない貴重な日本固有種なのである。

アオゲラもヤマゲラも羽色はオリーブ色という方がふさわしいかもしれない。オリーブ色も緑色の範疇に入れるならば、ウグイスも緑色の鳥ということになる。ウグイスよりやや緑色に近い羽色なのはメボソムシクイ、センダイムシクイなどだ。

やや茶色がかった羽はヤブサメ、エゾムシクイ、オオヨシキリ、コヨシキリなどである。

アオバズク

アオバズクのアオは、青でも緑色でもない。「青葉の頃に現れるフクロウ」という意味であり、羽色は全体に濃い焦げ茶色である。ゴールデンウィーク前後に越冬地の南の国から日本に戻ってくる。大木のある神社などで初夏のころ、夜になると「ホーホーホーホー」と鳴き声が聞こえる。

キジのオスは首から胸、腹、尻にかけて緑色の羽に覆われている。緑色の羽は北にすむ東北地方のキジに比べ、南の九州のキジの方が濃い色で、亜種として分けられていた。現在は各地での放鳥により亜種が混じってしまい、羽色での区別は難しくなった。

冬鳥として稲の刈り終わった田んぼなどで小群になり、「ミュー」というネコのような声で鳴きながらふわふわと飛ぶタゲリも緑色の鳥である。翼の緑は陽当たりがいいと、金属光沢を帯びて美しい。

ササゴイの翼は、緑色の笹の葉が重なっているように見える。ササゴイは富士五湖の河口湖の近くの林で繁殖している。釣り人の並ぶ湖岸の溶岩の上などで、狙いを定めて魚をすばやく捕まえるササゴイを観察できる。

ササゴイ

カモのオスには緑色の羽を持っているものが多い。マガモ、ハシビロガモ、スズガモは頭全体が濃い緑光沢を帯びる。コガモ、ヨシガモ、トモエガモは頭の模様に緑色の飾りが入る。ヒドリガモの頭は茶色だが、アメリカからの迷鳥であるアメリカヒドリは緑色の模様で識別できる。

タゲリ

ワカケホンセイインコ

さて、日本の野外で見られる鳥のなかで、最も緑色、黄緑色の目立つ鳥は、外来種として都会にすみついてしまったワカケホンセイインコであろう。

東京都内にある東京工業大学の構内には二千羽も集まるねぐらがあり、昼間は各方面に散らばっている。

上野動物園や井の頭自然文化園でも、カラスに追われて「ギャーギャー」と熱帯的な声で鳴きながら、直線的に飛びまわる姿が見られる。

トモエガモ♂

ハシビロガモ♂

アメリカヒドリ(前)とヒドリガモ(後)

スズガモ♂

H.Sugita

ルリビタキ♂

コルリ♂

イソヒヨドリ♂

オオルリ♂

青

山の青い鳥といえば、コルリとオオルリ、ルリビタキが代表であろう。鳥の色は見る角度によってずいぶんと印象が異なる。この3種もさえずる姿を正面から見ると、白い鳥の印象が強い。後ろ姿を目撃すると、青い鳥との遭遇に思わずニンマリする。

海にもイソヒヨドリという青い鳥がいる。イソヒヨドリも山の青い鳥と同じく、青いのはオスだけである。やはり背中から見ると全身青く見えるが、前から見ると胸から下は鮮やかなレンガ色だ。台湾から南のイソヒヨドリは全身が青灰色のアオハライソヒヨドリで、宮古島で遭遇したことがある。

黒くないカラス科の鳥オナガとカケスも青系の羽を持っている。オナガの翼と尾羽は水色である。カケスも翼に黒い横縞の入った青い羽を持ち、飛んでい

アオハライソヒヨドリ

オガワコマドリ

オナガ

カケス

るときによく目立つ。

迷鳥としてときどき渡ってきてバードウォッチャーの話題になるオガワコマドリは、喉から胸に上からブルー・オレンジ・ブルー・オレンジの斑がある。

サンコウチョウは紫色の範疇に入れるべき鳥だが、オスの嘴と目のまわりのリングが鮮やかな瑠璃色をしているから「青」の項にも入れてみた。メスの嘴と目のまわりも青系だが、オスに比べ地味である。(「紫」の項参照)

カツオドリはオスとメスが同じ茶色い羽色であるが、オスは目のまわりが青く、メスは黄白色なので、よく観察すれば雌雄の識別は簡単である。

アオと呼ばれる色の範囲は広い。アオバト、アオゲラ、アオジは、どちらかというと緑色の鳥だ。アオサギも青というよりは灰色のサギであり、英名はグレーヘロンである。

カツオドリ♂

ルリカケス

マミジロ♂

ブッポウソウ

藍

ルリカケスは世界中で、奄美大島と徳之島にしかいない日本固有種である。ルリカケスの瑠璃色は藍色といったほうがいい濃いブルーである。腹や背は栗色で藍色とのコントラストが美しい。ヨーロッパで貴婦人の帽子に鳥の羽をつけることが流行った時代に、ルリカケスの羽がずいぶんと輸出された。今は天然記念物に指定され保護されていて、羽を採られることはない。

全身藍色の鳥を日本で探すことは、なかなかに難しい。やや高い山で繁殖するマミジロという眉が真っ白なツグミは、黒くも見えるが光線のぐあいによっては全身藍色の鳥に見える。

ブッポウソウも藍色の範疇に入る鳥である。全体に濃い青系統の羽色をしているが、とくに頭の色は濃い青、すなわち藍色であり、真っ赤な嘴とのコントラストはいかにも夏鳥らしい。

ブッポウソウの名は同じ夏鳥で、似た環境で繁殖するコノハズクの声との混同からついた。ブッポウソウは

シノリガモ♀♂

「ゲェゲェ」と鳴き、見通しのよい枝や電線から飛び立ち、空中で虫を採って食べる。

シノリガモという藍色のカモがいる。

北日本の冬の海に多い海ガモであるが、愛知県の渥美半島の海岸にある岩礁で休む姿を見たことがある。

それまではシベリアやカムチャッカなど北の大陸で繁殖するカモと思われていたが、北日本の山地の渓流でも繁殖していることがわかった。

その繁殖地の一つ、宮城県栗駒山系にある湯の倉温泉を訪ねたことがある。

温泉宿・湯栄館は、電気のないランプのお宿だった。宿の前を勢いよく流れる渓流に、シノリガモが気持ちよさそうに浮かんでいた。宿のご主人に話を聞くと、シノリガモは青いオシドリとして昔から知られていたそうである。

ところが、この湯栄館は平成20年の豪雨で水没してしまった。あのシノリガモは今でも湯ノ倉温泉の渓流で繁殖しているのだろうか。

コムクドリ

サンコウチョウ♀

アオバト♂

紫

濃い紫色の鳥といえば、バードウォッチャーのあこがれ鳥でもあるサンコウチョウがいる。長い尾羽をひらひらさせながら林の中を飛んで、クモの巣をくぐりぬけつつ巣材の接着剤を集めるオスの姿は優雅でさえある。オスの翼はあずき色ともいえる紫で、メスはやや茶色みを帯びる。

また、部分的に紫の羽をもつ鳥もいる。オスのアオバトの翼も紫で彩られ、コムクドリの翼にもわずかだが紫色に輝く羽がある。

エナガもブドウ色とでもいえそうな明るい紅紫色の羽が全身の白い羽に浮き出て見える。

さらにブドウ色のイメージの鳥としては、キジバト、カケス、キレンジャク、ヒレンジャクも入るだろう。

不忍池の名物迷鳥ガモだったクビワキンクロとコスズガモの頭は、光線の当たりぐあいでは紫色に見えた。ヒメハジロの額と喉の羽も紫光沢が

キジバト

キレンジャクとヒレンジャク(右)

クビワキンクロ♂

エナガ

ヒメハジロ

コスズガモ♂

オナガガモ♂

キラッと光って見える。

　オナガガモの次列風切羽は金属光沢のある美しい紫色である。この羽は翼鏡《よくきょう》と呼ばれるカモ類に特徴的な羽で、種ごとに色は微妙に異なり、雌雄の同種個体への目印にもなっているらしい。

　ちなみに、カモの翼鏡は緑系が多く、ハシビロガモ、コガモ、トモエガモ、ヒドリガモ、ヨシガモなどは緑光沢の翼鏡である。マガモとカルガモは青系の翼鏡をもっている。雑種のマルガモができやすいのは、翼鏡の色がそっくりだからかもしれない。

さて、これまで虹の七色になぞらえて、羽色をネタに「赤」から「紫」まで印象的な出会いの七色の羽を紹介してみた。

そのほとんどに巡り逢ってきたが、まだ野生ではお目にかかれていない鳥にヤイロチョウがいる。「八色鳥」と書くように、八色の羽を持っている。

腹の色は、中心部が赤く、周囲は黄色く、翼は緑色と瑠璃色の青で、足はオレンジ色である。つまり虹の七色のうち、五色がそろっているのだ。ヤイロチョウにない色は藍色と紫だが、代わりに翼は黒く、白い班があり、頭には茶色い羽をもっている。よって計八色の羽をもつことになる。

この極彩色の鳥が、今のところ私にとって、自然の森でいちばん巡り逢いたい色の鳥である。

ヤイロチョウ

ライデン博物館の
トキのタイプ標本

入れちがった学名

日本の動物をヨーロッパに紹介したという意味で、江戸後期に長崎にいたフォン・シーボルトの功績が文献の随所に残されている。アオバトの学名は *Treron sieboldii* で、種名にはシーボルトの名がつけられている。

学名は「二名法」といって、大文字で始まる属名と小文字で始まる種名からなるのが基本である。

シーボルトが故国オランダに送った標本を調べて学名をつけたのは、テミンクとシュレーゲルという二人の学者であった。

そのとき送った標本のラベルにつけられた日本名がそのまま学名になった鳥も多く、アオゲラの学名は *Picus awokera* となり、コゲラは *Dendrocopos kizuki* となった。

哺乳類でもアナグマに *Meles anakuma* という学名がつけられた。こうした学名をつけるもとになった標本は「タイプ標本」と呼ばれ、トキ *Nipponia nippon* を含め、今でもライデン博物館に収蔵されている。

しかし、ちょっとおかしなことが起きてしまった。コマドリの学名は「*Erithacus akahige*」であり、アカヒゲの学名は「*Erithacus komadori*」である。

ところが、ご覧のように小文字の種名が入れ代わっている。

こんなことになったのには経緯がある。新種としてシーボルトがヨーロッパに送った標本のラベルが、いつの間にか入れ違いになり、テミンクが間違えてつけてしまったようだ。

間違えたのならば、直せないものだろうかと思う。しかし国際動物命名規約の第十八条には、

「一度創設された以上、属グループまたは種グループの名称を、たとえ著者であっても、不適当を理由として、後になってから破棄することはできない」

と定められている。

よって、コマドリとアカヒゲの入れ違いも、いったん発表された以上、名をつけたテミンクが後で気づいたとしても、もはや直すことはできなかったのである。

コマドリ

アカヒゲ♂

鳥名人5　飛ぶ鳥を撮る！

入江正己さんはかつて和歌山県立自然博物館で魚類やイソギンチャクなど、海の生物を担当する飼育係であった。この博物館は水族館機能もあり、哺乳類や鳥の剥製標本や鉱物などの標本とともに、生きた水生動物も飼育し展示している。

入江さんのニックネームは「海坊主」である。初対面のとき、思わず「本職はご住職さんですか？」と失礼な質問をしてしまった。それほど坊主頭が似合う人なのである。

彼は海に潜り、海底の無脊椎動物を採集して、その小さな海の生き物を飼育し、展示することを得意としていた。潜水には坊主頭が一番なのだそうである。

入江さんは鳥にも興味をもっていて、博物館周辺の野鳥情報を写真とともによく送ってくれる。

博物館から望遠鏡《プロミナ》で確認できるコンクリート工場の裏の崖では、毎年ハヤブサが繁殖している（写真下）。

「そろそろ雛が孵るから見においでよ」という連絡をもらい、工場が休みの日曜日に、和歌山まで出かけて行った。

ハヤブサ

現場に行ってみると、3羽の綿毛の雛が崖の中腹の棚状になった凹みで餌を待っていた。ドバトをつかんだオスが少し離れた崖に戻って来て、様子を伺っている。オスは巣で待つメスに獲物をわたすと飛び去った。餌をちぎって雛たちに与えるのはメスの役目である。

入江さんはすでに水族館を退職し、今は趣味の野鳥写真に凝っている。図鑑を作るときなど写真がない場合は、彼にお願いするとみごとな飛翔の写真が送られてくる。ハヤブサやコシアカツバメ、サンショウクイなども使わせてもらったし、アマツバメのすてきな写真も送られてきた。

潮岬に近い海岸の小島には、アマツバメが繁殖している。その小島にも誘ってもらい、釣り船をチャーターしてアマツバメの観察をした。

上の写真は入江名人の傑作である。巣材をくわえて高速で飛ぶアマツバメの、うろこ状の羽までがはっきりとよく判る。

佐渡のトキ、中国のトキ

昭和56年1月、佐渡に生息していた日本最後のトキが捕獲された。私は捕獲したトキの世話をするため、小佐渡山中にあるトキ保護センターで10日間を過ごした。

捕獲したトキたちの足には、私が作って持参した赤、白、緑、青、黄色のカラーリング・バンドを装着した。以来、トキたちはアカ、シロ、ミドリ、アオ、キ、それに当時飼われていたキンを含め、どれも色の名前で呼ばれるようになった。

捕獲された5羽のうち、「ミドリ」だけがオスで、残りの4羽はすべてメスであった。前からいた「キン」もメスだったから、もしミドリが死んでしまえば、日本のトキの絶滅は時間の問題ということになる。性別が判明したときは、絶望的な気持ちになったものだ。

結局、捕獲した5羽のうち最後まで残ったのはオスのミドリだけで、ペアになった「シロ」が死んだあとは中国に渡り、北京動物園のメスとの繁殖を試みた。その後、佐渡に戻ってからキンとも同居させたのだが、子孫は残せなかった。

佐渡のトキ：キン♀とミドリ♂（右）

佐渡の空からトキが消えた昭和56年のこと、中国の陝西省洋県で7羽のトキが再発見され、洋県にトキ飼養センターが開設され、増殖が開始された。

平成11年に中国から天皇陛下に贈られて佐渡で飼われているペアも、この七羽の子孫である。

現在、中国では6カ所の増殖施設や野生化施設で500羽以上のトキが飼われている。

野生復帰させたものも含め、野生では700羽以上が生息するまでに回復した。佐渡でも平成11年に生まれたオスの「優優」以来、毎年順調に繁殖している。

そして平成20年には野生復帰が始まり、27年ぶりに佐渡の空にトキが舞った。

平成22年10月現在、日本のトキも192羽にまで増えた。佐渡のトキセンターには149羽、鳥インフルエンザなどの危険分策で分散した多摩動物公園に10羽、石川県能美市のいしかわ動物園には12羽が飼われている。

そして、この2年間に放した30羽のうち、17羽が野生でたくましく暮らしているのである。いつかトキも、カルガモやコサギのように普通の鳥になる日がくることだろう。

カルガモの夫婦も花見を楽しんでいるような……（井の頭池）

あとがき

私の鳥との付き合いはバードウォッチングや写真撮影という趣味と、鳥の飼育係として鳥を飼い殖やすという仕事から成り立ってきました。飼育は鳥の命を預かるのですから手を抜けず、コウノトリなど希少種の増殖などはかなりプレッシャーのかかる仕事でした。にもかかわらず、傍から見ている人には、楽しそうに、趣味なのか仕事なのか判らないように思われていたようです。

というわけでしょうか、二見書房の浜崎慶治さんから、「鳥あそび」という題名で書かないかとお誘いをいただきました。撮りためた写真を整理し眺めていると、私自身は鳥に遊んでもらっていたのだと思うようになりました。書き進めていくうちに、この題名が段々気に入るようになり、筆も進んだ次第です。良き題名をくださった浜崎さん、ありがとうございます。

夜行性の多い哺乳類や水生の両生類、魚類などに比べて、鳥は脊椎動物のなかでは最も身近で、観察しやすい存在です。有名な探鳥地へ珍しい鳥に会いに行くのも楽しみですが、自宅や職場の周辺でも野鳥を楽しむことができます。皆さんもぜひ試してみてください。

身近なバードウォッチングのノウハウも思いつくまま綴りました。参考になれば幸いです。

鳥あそびの極意を伝授いただいた5名の鳥名人を勝手に紹介させていただきました。白坂さん、高野さん、杉田さん、室伏さん、入江さん、ご容赦ください。また、貴重な写真を提供してくださった杉田さんと入江さんに御礼申し上げます。家庭にもしばしば趣味でも仕事でも鳥を持ち込みました。長きにわたり一緒に「鳥あそび」を楽しんでくれた家族、妻洋子、息子博之と朋之に心から感謝します。

鳥《とり》あそび

著者　小宮輝之《こみやてるゆき》

発行所　株式会社 二見書房
東京都千代田区三崎町二-一八-一一
電話　〇三-三五一五-二三一一［営業］
〇三-三五一五-二三一三［編集］
振替　〇〇一七〇-四-二六三九

カバーデザイン　ヤマシタツトム
編集　浜崎慶治
印刷　図書印刷株式会社
製本　ナショナル製本協同組合

ISBN978-4-576-10191-0
http://www.futami.co.jp/